王梓坤
WANG ZI KUN

名师推荐
学生课外
阅读经典

科学发现
纵横谈

KE XUE FA XIAN ZONG HENG TAN

王梓坤／著

长江出版传媒｜长江文艺出版社

图书在版编目（CIP）数据

科学发现纵横谈 / 王梓坤著. -- 武汉 : 长江文艺
出版社，2023.8
ISBN 978-7-5702-3193-5

Ⅰ. ①科… Ⅱ. ①王… Ⅲ. ①科学发现－青少年读物
Ⅳ. ①N19-49

中国国家版本馆 CIP 数据核字(2023)第 115111 号

科学发现纵横谈

KEXUE FAXIAN ZONGHENG TAN

责任编辑：杨　岚　余慧莹　　　　责任校对：毛季慧
设计制作：格林图书　　　　　　　责任印制：邱　莉　胡丽平

出版：长江出版传媒 长江文艺出版社
地址：武汉市雄楚大街 268 号　　　邮编：430070
发行：长江文艺出版社
http://www.cjlap.com
印刷：武汉中科兴业印务有限公司

开本：700 毫米×980 毫米　　　1/16　　印张：10
版次：2023 年 8 月第 1 版　　　　2023 年 8 月第 1 次印刷
字数：130 千字

定价：28.00 元

目 录
CONTENTS

序

苏步青①

  《科学发现纵横谈》是一本漫谈科学发现的书，篇幅虽然不算大。但作者王梓坤同志纵览古今，横观中外，从自然科学发展的历史长河中，挑选出不少有意义的发现和事实，努力用辩证唯物主义和历史唯物主义的观点，加以分析总结，阐明有关科学发现的一些基本规律，并探求作为一名自然科学工作者，应该力求具备一些怎样的品质。今天，党中央率领我们进行新的长征，努力赶超世界科学先进水平，加速建设社会主义现代化强国的步伐。在这样重大的历史时刻，本书的出版对正在向科学技术现代化进军的广大科技工作者，将会有一定的启发，起到应有的促进作用；特别对正在努力学习自然科学知识、准备将来献身于科学事业的广大青年读者，更将产生有益的作用和影响。

  对广大的青年读者来说，书中的有些内容由于涉及自然科学的一些专门知识，可能一时看不大懂，但这也无关大局。因为全书文字清新，笔调流畅，观点也比较明确，要了解作者的基本意思是完全做得到的。

----

① 苏步青（1902—2003），数学家、教育家、中国微分几何学派创始人。被誉为"东方国度上灿烂的数学明星""东方第一几何学家""数学之王"。作为一代大师还身体力行从事科普，并培育了大批数学精英人才。

希望广大的青年读者能够通过阅读本书，进一步明确学习方向，更快更好地成长。作者在书中提出了"德识才学"的要求，对广大青年读者来说，关键还在于"学"。这个"学"就是学习马列主义、毛泽东思想，学习各项自然科学知识，学习劳动人民在实践中的发明创造，学习群众的集体智慧。只有好好学习，才能天天向上，真正做到德智体全面发展，当好接班人。

作者是一位数学家，能在研讨数学的同时，写成这样的作品，同样是难能可贵的。希望并相信今后会有更多的自然科学工作者关心这方面的问题，写出这方面的作品，并就不同的观点开展有益的讨论，给广大的青年读者以更多的教益。

1978 年 3 月

引　子

—— 天高可问

这浩茫的宇宙有没有一个开头？

那时混混沌沌，天地未分，可凭什么来研究？

穹隆的天盖高达九层，多么雄伟壮丽！

太阳和月亮高悬不坠，何以能照耀千秋？

大地为什么倾陷东南？

共工（神名）为什么怒触不周（山名）？

江河滚滚东去，

大海却老喝不够？

哪里能冬暖夏凉？

何处长灵芝长寿？

是非颠倒，龙蛇混杂，谁主张君权神授？

呵！我日夜追求真理的阳光，

渔夫却笑我何不随波逐流！

这许多问题是我国伟大诗人屈原在他的传世名作《天问》中提出来发人深思且至今难解的千古疑问。相传屈原在流放期间，看到神庙的壁画龙飞凤舞，心有所感，便在墙壁上写下了《天问》这篇奇伟瑰丽、才华横溢的作品。王逸（东汉文学家）在《天问·序》中说："《天问》者，屈原之所作也。何不言问天？天尊不可问，故曰天问也。""天尊不可问"，这话是错误的。王逸大概是个"尊天派"，把天看成统治者的化身，神圣不可侵犯，连向它"请示"都不敢。屈原则不然，认为天虽

> **知识小卡片**
>
> 《天问》是战国时期爱国诗人屈原创作的长诗。诗歌从天地离分、阴阳变化、日月星辰等自然现象，一直问到神话传说、圣贤凶顽和治乱兴衰等历史故事，表现了作者对某些传统观念的大胆怀疑，以及追求真理的探索精神。

高，却没有什么了不起，是可问的。因而他思如潮涌，一口气提出了172 个问题。天文地理、博物神话，无不涉及，高远神妙，发人奇思。当然，我们不能把《天问》看成一个人的创作，它其实是古代劳动人民集体智慧的产物。人民群众在实践中提出了许多问题，迫切需要解答，而屈原又是个有心人，接近群众，便把这些问题概括起来，构成了这篇不朽的名著。由此可见，《天问》有着深厚的群众基础，它反映了劳动人民追求真理的强烈愿望。

的确，在那天宇高洁、微云欲散的月明之夜，每当我们冷静思考各种宇宙现象时，便不能不惊叹自然界结构的雄伟壮丽、严整精密。大到银河系总星系，小到原子核基本粒子，复杂微妙如生物界，都遵循各自的发展规律不断地运动着。这些规律不仅可问，而且可知，它们是认识自然的钥匙，是改造自然的武器。

尤其扣人心弦的是，前人是怎样发现这些规律的？他们怎样从群星争耀、高不可攀的天空，找出天体运行的轨道？怎样从看不见、摸不着的微观世界中发现原子的结构，基本粒子的转化？怎样从万象纷纭的生物界找出进化的规律？地球和电子的质量是怎样计算出来的，难道可以拿在手里称一下吗？

历史是人民创造的，在人与自然、人与社会寻求和谐相处的认识与

实践的漫长岁月中，人民群众积累了十分丰富的经验。科学家吸收前人的经验，又经过自己的实践不断前进。前事不忘，后事之师，难道我们不应该从中学习些什么吗？

史料当作纵横读。纵线看来，人类认识和适应自然是永无止境的历程，有高潮，有低潮，有重大突破，也有短暂的停滞，我们应该探讨突破与停滞的原因。无数的事实证明，辩证法和唯物主义的精神贯穿在自然科学的研究中，任何重大科学的发现，都是遵循"实践—理论—实践"的规律而发展的。认识来源于实践，经过飞跃而上升为理论，又反过来接受实践的检验，为实践服务，并在实践中进一步发展。

在这里，我们所要着重讨论的是，作为一名自然科学工作者，是怎样从实践到理论，又从理论到实践进行"飞跃"的？为什么在有些问题的研究中这种飞跃完成得快，而在另一些中则很慢？还有，有时两个人研究同一问题，为什么甲很快就抓住了本质，而乙则长时间停留在表面？研究过引力问题的人很多，为什么不是别人，恰好是牛顿，作出的贡献最大？或者，更一般地，我们可以问，作为一名科学工作人员，他应该力求具备一些什么品质？这样，我们就必须从横的方面来读历史，即必须对历史上一些有贡献的科学研究人员，进行个别的考察和研究。结果发现，他们当中的许多人，在德、识、才、学上是比较卓越的。

通常我们衡量一个人，提出德才兼备的标准。德，主要指政治立场和态度，指追求真理，热爱人民，严于律己，力求人品高尚。识、才、学受德的制约。才，指才干。不过，仔细分析，才干还可以分为识、才、学三个方面。识，一般指思想路线和科学预见的能力，它对一个科研人员正确选择主攻方向，决定这场仗该不该打，这件事该不该做，这个问题值不值得研究，以及怎样做最为有利，具有重要的意义。人们通常所说的"远见卓识"就是这个意思。任务和路线确定以后，如何去完成，则主要是才的问题。这里的才，主要指解决实际问题的能力。在科学研究中，有些人善于观察、实验和操作，另一些人则长于归纳、分析和推理，二者兼备，实为重要。学，即学问、知识。学之重要，人人皆知。荀子《劝学篇》说："学不可以已。……博学而日参省乎己，则知明而行无过矣。"诸葛亮说："夫学须静也，才须学也，非学无以广才，非志无以成学。"《文心雕龙·神思篇》指出："积学以储宝，酌理以富才。"古代许多人如贾谊、颜之推等都写过类似"劝学"的文章，大概是荀子带的头吧！他那一篇也确实写得好，后人读了，既受启发，又觉技痒，便接二连三地写了许多。

兼备德、识、才、学，对一名科技工作人员来说，至关重要。人民所需要的，是社会主义的德，辩证唯物主义的识，为人民服务的才，理论联系实际的学。我们的叙述，便从这里开始。

一些年来，阅读了一点有关科学发现的零星材料。在学习过程中，深深感到，许多重大的科学发现确实有益于人民，便情不自禁地写下一点笔记，以表达我对前人功绩的景仰，自己也分享一份胜利的喜悦。这样日积月累，时断时续，虽然十年愚勤，仍难免穷巷多怪，贻笑大方。

如今，一场向科学技术现代化进军的群众运动，正在迅猛兴起，我国科学技术事业进入一个新的阶段。如果本书所谈及的前人的一些思想、见解、经验、教训，能对我们有所启发，起到几分借鉴作用，特别是对科技战线上的青年同志，能有所增益，那会使我们感到非常高兴。本书写作的目的也正在于此。

第一编　德·识·才·学

不是"神"灯

——德、识、才、学的实践性

才如战斗队，学如后勤部，识是指挥员；才如斧刃，学如斧背，识是执斧柄的手。

谈论自然科学研究中的德、识、才、学问题的，似乎还不多见，但在史学与文学中，才、学、识的说法却由来已久。唐朝刘知幾，是著名的历史学者。郑维忠曾问他："自古文士多，史才少，何耶？"他说：

> 史有三长：才、学、识，世罕兼之，故史才少。夫有学无才，犹愚贾操金，不能殖货；有才无学，犹巧匠无楩楠斧斤，弗能成室。

刘知幾明确提出才、学、识问题，并试图阐明三者的关系。他虽然是指史学与文学而言，但对自然科学也是有参考价值的。

其后清朝的章学诚说：

> 夫才须学也，学贵识也，才而不学，是为小慧；小慧无识，是为不才。

诗人袁枚很重视"识"的作用，他在《续诗品·尚识》中说得很形象：

学如弓弩，才如箭镞。识以领之，方能中鹄。善学邯郸，莫失故步；善求仙方，不为药误。我有神灯，独照独知，不取亦取，虽师勿师。

他们的议论虽然有一定的启发意义，但也有共同的缺点。一是脱离实践而侈谈才、学、识，就使后者成为不可捉摸的、神秘的天生怪物，成为天上掉下来的"神"灯，因而必然走向唯心主义的天才论。从唯物论看来，人们的德、识、才、学主要是在长期的实践中，通过斗争和学习逐步培养、锻炼出来的，天才只起部分的作用。因此，实践和学习是德、识、才、学的基础。二是由于时代与阶级的限制，他们没有、也不可能指出才、学、识的阶级内容，没有说明它应为哪个阶级服务，而实际上那时基本上是为统治阶级服务的。我们需要的是为广大劳动人民谋利益的才、学、识，因而，全面的提法应是德、识、才、学，德居其首。

贾谊、天王星、开普勒及其他

——谈德、识、才、学兼备

　　有些人学问渊博，但少才、识，往往只能成为供人查阅的活字典。唐朝李善，学淹今古，精通典故，为《昭明文选》作注，旁征博引，后人叹服。他的工作对后人是有益的。但也有人说他的怪话，批评他才、识不高，既少创作，又缺见解，终生碌碌，为人作注，没有起到更大的作用。

　　苏轼作《贾谊论》，说贾谊才、学虽高，但不善于分析和利用当前的形势，急于求成，终不为当世所用，郁郁而死，没有发挥自己的才能。苏轼叹息说："呜呼！贾生志大而量小，才有余而识不足也。"苏轼的意见，未必正确，因为导致这场悲剧主要是统治者的错误；但贾谊未尽所能，也是历史事实。在这点上他不如司马迁。司马迁为了完成《史记》的写作，使之能藏之名山，传之其人，忍受了人间最大的侮辱，最后才达到目的，这部我国最早的通史，开创了纪传体史书的先河。

　　由此可见，一个人有学问未必有才能；进一步，即使才、学有余也可能见识不高。这就需要有自知之明，在实践中针对自己的缺点有意识地进行锻炼，方能弥补不足。

　　1781 年，赫歇耳认定天王星是行星。其实，在这以前，已有好几位天文学者观察过它了。当时流行着一种陈腐的观念，认为太阳系的范围只到土星为止，土星以外，再没有行星了。要打破这种观念，需要革命的卓识和勇气。持这种观念的天文学者因循守旧，他们既不敢、也从未想到应该扩大太阳系的领域，因而总是把天王星当作恒星而不加注意。勒莫尼耶甚至自 1750 年到 1769 年间观察它达 12

次之多，最后还是让它逃之夭夭。见识不高，可为发一浩叹！"自谓已穷千里目，谁知才上一层楼。"谁又能断定，我们今天所理解的太阳系已经到了尽头呢？

为了说明德、识、才、学兼备的重要，不妨再举两个例子。

万有引力是自然科学中最大发现之一，几个世纪以来，人们都归功于牛顿。其实，这是许多人共同努力的成果。例如罗伯特·胡克等人早已有了引力的观念。胡克是卓越的实验物理学者，具有出色的实验才能，他的研究范围很广泛，在物理、化学、生物等方面都有贡献，包括众所周知的弹性力学中的胡克定律。然而，由于他缺乏牛顿那样横绝一世的数学才能，虽然走到了万有引力的跟前，却仍然无力抓住它，就像一个不会爬树又无工具的人，尽管看到橘子高悬枝头，却无法摘到它一样。胡克的故事向我们提出了一个问题，有多少原可发现的东西由于才能不足而溜掉了。

丹麦天文学者第谷，用了 30 年的工夫，精密地观察行星的位置。他工作辛勤，观察才能又非常出色，却短于理论分析。从长期观察的资料中，他得到的是错误的结论，他既不同意托勒密的地心说，也不赞成哥白尼的日心说，而提出了一个折中方案，行星绕太阳转，太阳又绕地球转。1600年，第谷请了德国人开普勒做助手。开普勒与第谷相反，对观察不太感兴趣，而且技术也远不如第谷，但他在理论研究上很有才华。通过对第谷资料的分析，他起初假设太阳绕地球转，误差总是很大，与观察不符。于是改用日心说，假设火星绕太阳做圆周运动，计算结果仍不理想。最后他大胆创新，提出了"火星的运动轨道是椭圆，太阳位于椭圆的一个焦点上"的假设，结果与观察资料相符合。就这样，第谷的精确观察与开普勒的深刻研究相结合，引导到行星运动三定律的发现。这是一个理论与实际相结合的范例，如果没有开普勒，第谷的辛勤积累也许会成为一堆废纸；反过来，没有第谷，也根本不会有开普勒的卓越成就。

优秀的科学工作人员应该兼备德、识、才、学。郭沫若在《读随园诗话札记》中说：

> 实则才、学、识三者，非仅作史、作诗缺一不可，即作任何艺术活动、任何建设事业，均缺一不可。

这话是很有道理的。

欧勒和公共浴池

——根扎在哪里？

科学研究必须深深扎根于社会生产实践的需要，扎根于群众的社会实践中。恩格斯说得好：

> 社会一旦有技术上的需要，则这种需要就会比十所大学更能把科学推向前进。整个流体静力学（托里拆利等）是由于 16 和 17 世纪调节意大利山洪的需要而产生的。关于电，只是在发现它能应用于技术上以后，我们才知道一些合理的东西。在德国，可惜人们写科学史时已惯于把科学看作是从天上掉下来的。（《马克思恩格斯选集》第 4 卷，第 505 页）

这一段话是科学工作者的座右铭，必须时时记住，否则就可能迷失前进的方向。

科学研究人员如果脱离生产斗争的需要，脱离人民群众的社会实践，则将一事无成，即使他辛辛苦苦，用尽毕生精力，写成厚厚的论文册子，也必然会随着时光的流逝而变为一堆废纸，成为昙花一现的短命篇。从古至今，科学著作浩如烟海，但能流传下来的，只是极小的一部分。相传在亚历山大城图书馆中，许多书都被用来烧公共浴池，此事值得深思。他们误以为这些书没有实用价值。其实，在当时看来无用的理论，随着日后人类认识的深入，往往会体现其超前的价值，这在科学史上屡见不鲜。

有价值的科学成果是不会湮没的。哥白尼的日心说受到教会的摧残，结果却得到更广泛的传播。生物学家孟德尔，对植物遗传作了 8 年实验，发现了生物的遗传定律。他的成果发表在 1865 年《博物学》杂志上，但未引起人们的注意。直到他死后 16 年，即 1900 年春天，在几个星期内，接连出现了得弗里斯、科伦斯和丘歇马克三人的论文，他们都根据实验重新发现了孟德尔所发现的定律。这样，孟德尔的工作便又活跃在人们的心中。19 世纪初，一些数学家认为连续函数至少在某些点上可以微分。然而，1860 年德国的魏尔斯特拉斯作出了一个处处不可微分的连续函数，这在数学中是一个著名的例子。其实早在 1830 年，捷克的波尔查诺就已作出了类似的例子，但他的原稿在 1920 年才找到，1930 年发表，从写出到发表经历了一个世纪。

恰当地选择研究题目，正确地决定主攻方向和路线，是带有战略性的重大措施。选题不当，就可能浪费毕生精力，一事无成。

科学中有一些重大进展，几乎同时地为几个人所独立完成。例如：

微积分学　牛顿、莱布尼茨；

进化论　达尔文、华莱士；

非欧几何　罗巴切夫斯基、高斯、鲍耶、史威卡特、塔乌里努斯；

发现海王星　勒威耶、亚当斯；

热功当量　迈尔、焦耳、亥姆霍兹；

相对论　爱因斯坦、彭加勒。

怎样解释这些现象呢？

在科学发展的大道上，每一个时期都有一套挑战性的题目，它们的出现不是偶然的，而是人类在社会实践中，在生产斗争和科学本身发展到一定阶段中必然产生的。这些问题大都经过许多人长时期的努力钻研。然而，问题的彻底解决需要一定的条件。等到条件成熟时，一个问题同时被几个人突破，也就不足为奇了。

在选择研究主题时，主要应根据社会实践的需要，以及本学科发展过程中提出的重大问题，此外，还要适当注意是否有可能解决的主、客观条件。理论联系实际是进行科学研究必须遵守的原则。我国的科学工作具有这方面的优秀传统，指南针、纸、印刷术、火药四大发明以及张衡的地动仪、李时珍的《本草纲目》等，都是和社会实践的需要紧密相结合的。

巴斯德由于实际需要而研究啤酒变酸和蚕生病的原因，发现这主要是细菌活动的结果，由此建立了细菌致病的学说。这也是理论联系实际的一个很好的例子。

> **知识小卡片**
>
> 巴斯德（1822—1895），法国微生物学家、化学家，近代微生物学的奠基人之一。像牛顿开辟出经典力学一样，巴斯德开辟了微生物领域，创立了一整套独特的微生物学基本研究方法。其发明的巴氏消毒法直至现在仍被应用。

越是抽象的学科，就越要努力从实际中吸取营养和力量。瑞士的欧勒是18世纪卓越的数学、力学工作者，也是最多产的作家，他的科学著作多达756项（一说为886项）。理论联系实际的原则像一条红线贯穿在他的全部工作中。为了制造海船，需要力学根据，他就研究力学，成为分析力学创始人之一；为了用天文方法决定船只在海洋中的位置，他就研究月球运动，1753年他出版了《月球运动理论》。为了观察星球的运动，他又研究光学和天体望远镜、显微镜。他从实际需要中选择研究对象，并以实际为师。正因为如此，他的立足点高，活动面广，路也越走越宽。这样，他就能走在科学发展的大道上，而不把精力浪费在无现实意义的琐碎问题里，从而使他的创造才能得以充分发挥，他的研究成果能得到实际的承认，具有较长时期的生命力，而不是转瞬即逝的过眼风云。

大葫芦和一百匹马

——向劳动人民学习

紧密联系群众，虚心向劳动人民学习，是我国科学工作人员优良传统之一。

1400多年前，《齐民要术》一书的作者贾思勰（南北朝北魏农学家）养了许多羊，饲料不缺，却饿死不少。他莫名其妙，便向一位老牧人请教。老牧人问他是怎么喂料的，他回答说，

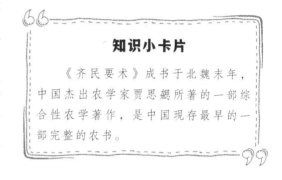

知识小卡片

《齐民要术》成书于北魏末年，中国杰出农学家贾思勰所著的一部综合性农学著作，是中国现存最早的一部完整的农书。

把饲料全铺在羊圈里，让羊随便吃。老牧人说，这就坏了，羊爱干净，你把饲料铺在圈里，羊在上面踩来踩去，屎尿都拉在上面，羊怎么肯吃呢？

氾胜之，是汉朝的农学家，他很虚心向农民学习。有一位善于种大葫芦的老农向他传授经验，老农说，要种出特别粗大的葫芦，首先要挖一个直径和深度各三尺（1尺约为0.3333米）的大圆坑，坑内上足粪；把粪和土搅匀，再上足水；等水渗下去后，种下十颗从大葫芦里选出的种子。第二步，等十条葫芦蔓长到两尺多长，用布把它们扎在一起，外封泥土；过几天后，把九条葫芦蔓的上端摘掉，留下一条最粗的，这样，十条根吸上来的养料和水分都供给这一条了。第三步，结出来的前

三个小葫芦全部掐掉，因为这时根茎叶还没长好；第三个以后的留下，由于根、茎、叶全长壮了，供给的养料也充足了，这些小葫芦便都长得又肥又大。氾胜之把向群众学到的生产经验写了下来，汇成了著名的农书《氾胜之书》。这种书当然不会受到封建统治阶级的重视，所以早失传了。幸亏它为广大人民所热爱，许多人在其他的书里引用了它，这部书的部分内容才得以保存下来。

类似的故事还发生在明朝末年，那时宋应星写了《天工开物》，记述了我国古代农业和手工业方面的科技成就。这部书也是作者长期深入生产实际、向劳动人民学习的产物。然而，它也几乎失传。直到 1926 年才从日本传回翻刻本。新中国成立以后，北京图书馆从宁波李氏墨海楼捐献的藏书中得到了 1637 年（明崇祯十年）的初刻本。在群众的支持下，此书现已出版，广为流传。作者宋应星是个有志气的人，他在序言中说，请那些热衷于科举大事业的人，把这本书扔到一边去吧！它对猎取功名或追求高官厚禄是毫不相干的。这充分表达了他对统治阶级及科举制度的蔑视和鄙视。

1970 年 9 月，《人民日报》登过《一匹马和一百匹马》的报道，发人深思。某运输连的一匹大黄马突然倒毙，大家都愕然，不知是怎么回事。剖开肚子一看，肠里堆了 28 斤（1 斤等于 0.5 千克）沙子，显然，这是致命的原因。接着他们又发现许多马也患有同样的病。怎么办呢？便向老牧民请教。老牧民说，不用打针，也不要吃药，只要给马灌上一些猪油就行了。果然，灌油后，病马便纷纷拉下沙子来，少的五六斤，多的 20 多斤，马拉下了沙子后病都好了。可是，沙子怎么跑进马肚的呢？老牧民说，因为水土关系，这里的马要多吃盐。沙中有盐分，所以马就吞沙。要预防这种病，只需在饲料中多加些盐就行了。按照老牧民的指点，将原先每匹马每天只喂 4 钱 5 分（1 钱等于 5 克，1 分等于 0.5 克）盐，增加到 1 两（1 两等于 50 克）盐以后，马果真都不吞沙了。死了一匹马，却挽救了一百匹马。群众的智慧，的确无穷无尽。

骡驹与盐碱地

——群策群力，大搞科研

我们再举两件事，说明人民群众如何通过周密的观察和试验，导致科学发现，终于解决了生产中的实际问题。

母马下骡驹，小驹刚生下来时体格健壮，又蹦又跳。可是次日下午就无精打采，低头耷耳，卧地不起，还出现贫血、黄疸、血尿等症状，最后死去了。原来小驹患了新生骡驹溶血病。以前认为这是绝症，死亡率达百分之百。这是怎么回事呢？按照旧说，发病原因是"胎血热""钩端螺旋体病"，或者说是"败血病"，但都没有解决问题。广州部队后勤部的一些同志决心搞清这个难题，便从观察入手。他们仔细观察新生的骡驹，晚上蹲在马厩里察看它的生活情况，通过对上百匹小骡驹的研究，终于摸清了发病原因。有的小骡驹未吃奶前，活蹦乱跳，吃奶后就萎靡不振，可见发病与吃母马的初奶有关。于是他们反复化验母马的初奶和骡驹的血液，在初奶中找到了一种致病的特异抗体，抗体进入骡驹体内后，便破坏血中的红细胞，使骡驹得病。他们还发现，这种抗体只破坏骡驹血球，而对马驹血球没有破坏作用。于是他们便让骡驹与马驹交换母马哺乳，收到了较好的预防效果；或者干脆把母马的初乳挤掉，暂时实行人工喂养；后来他们又找到了一种草药，也取得了一定的成效。

另一件事是改造盐碱荒地为良田。有些土壤含盐量高，寸草不生。盐碱含量与地下水有关，因后者中含有盐分，当地下水位升高时，水会沿着土壤毛细管上升到地表，太阳晒后，水分蒸发，把盐留在地面。反之，下大雨后，盐被雨水溶解，或随水下渗，或被水冲走，于是盐分减少。这就是"盐随水来，盐随水去"的规律。但怎样利用这一规律呢？人们起初并不自觉，后来观察到：离排水沟较近的地方，不论种棉花、绿肥，总是出苗齐，长得快，而盐斑大都留在离沟远的田中间。这一发现引起了大家的注意。原来地里有了排水沟，大雨过后，盐随水顺沟排走，地面上减少了盐分；同时土壤中的水也能排走许多，因而地下水位降低。这样，天晴时地下水就不容易上升到地面，从而减少了地下水中的盐分上升，这就是排水沟的作用。至于离沟远的地方，盐分就不能这样顺利排走，因此盐斑就多。大家明白了这个道理，就决心大修水利，建成一套完整的排水淋盐系统；连种三年绿肥，变盐碱荒地为良田；再加上植树造林，防风防盐，盐碱地便可能得到根本的改造。

《本草纲目》的写作

——搜罗百氏，访采四方

　　我国明朝的李时珍，是世界上伟大的药学家。他的名著《本草纲目》记载药物 1892 种，附方 11096 则，先后被译成英、法、俄、德、日、拉丁等十余种文字，成为国际一致推崇和引用的主要药典。这部巨著不仅对医药，而且对生物、矿物和化学也作出了重要贡献。李时珍的学术见解是高超的，他的分类方法很符合现代的科学原则。

　　李时珍所以能取得如此巨大的成就，固然由于他批判地总结了前人的成果，"搜罗百氏"，旁征博引，参考 800 余家；更主要的，还在于他忠心为群众服务的精神。他认识到这项工作对群众有利，因而用了近30 年的时间，三次改写，才最后成书。"字字看来皆是血，十年辛苦不寻常"，此书与《红楼梦》，一属科学，一属文学，交相辉映，相携永垂。在写作过程中，他不辞辛苦，深入实际，"访采四方"，先后到河南、江西、江苏、安徽等地，收集标本与药材。他治学态度严谨，一丝不苟。例如，为了证实前人所说"穿山甲诱蚁而食"，便亲自动手，解剖穿山甲，结论是："腹内脏腑俱全，而胃独大，常吐舌，诱蚁食之，曾剖其胃，约蚁升许也。"

　　李时珍写《蕲蛇传》，也是一个有益的故事。他父亲李言闻研究了蕲州的特产——艾叶，写成了《蕲艾传》，他读后很受启发，便决心写《蕲蛇传》一书。开始他只是从蛇贩子那里观察白花蛇，有人告诉他，这不是真正的蕲州蛇，真蕲蛇"其走如飞，牙利而毒"，人被咬后会迅速致死，是当时皇帝指定进贡的制药珍品。不入虎穴，焉得虎子，李时珍不顾危险，几次爬上龙峰山去观察蕲蛇，目睹了它吃石南藤及被捕情形，了解了它形体与习性上的特点，终于写出了很有特色的《蕲蛇传》。李时珍很重视这种研究方法，认为这样可以"一一采视，颇得其真"。

"言而无文，行之不远。"许多科学名著都注意作品的文学性与通俗性，以求广泛流传，易为群众所接受。牛顿写他的巨著《自然哲学的数学原理》，坚持用初等数学，避而不引他新发明的微积分。拉格朗日推崇这部书是自然科学中人类心灵的最大产品。地理著作，若写得不好，很易枯燥无味；然而郦道元的《水经注》，却文思清丽，情景交融，读来使人飘然意远。《本草纲目》也如此，许多药物的描述，类似优美的散文。李时珍的文学造诣很高，他创作了许多诗歌，可惜大都散失了。现在幸存的有两首，一是《吴明卿自河南大参归里》：

> 青锁名藩三十年，虫沙猿鹤总堪怜。
> 久孤兰杜山中待，谁遣文章海内传？
> 白雪诗歌千古调，清敬日醉五湖船。
> 鲈鱼味美秋风起，好约同游访洞天。

用以安慰他的好友吴明卿罢官回家，吴是反对过坏人严嵩的正直人。另一首（载于明人刘雪湖《梅谱》卷下）：

> 雪湖点缀自神通，题品吟坛动巨公。
> 欲写花笺寄姚涓，画梅诗句冠江东。

工夫在诗外

——从陆游的经验谈起

宋朝爱国诗人陆游，在他逝世的前一年（即 1209 年，84 岁），曾给他的第七个儿子写了一首诗，传授他写诗的经验。大意说：他初学作诗时，专门在辞藻雕琢、绘声绘色上下功夫，只注意追求形式的美，到中年才领悟到这种做法不对，诗应该注重内容，应该反映人民的要求和喜怒哀乐。从此他的诗起了本质性的变化，道路越走越宽广。最后他说："汝果欲学诗，工夫在诗外。"

"工夫在诗外"，这是陆游一生创作的重要经验，而且是在他中年或晚年才总结出来的，值得用金字写下。初听起来也许奇怪，学诗当然应在诗上下功夫，怎能跑到诗外去学呢？这句话该怎样理解呢？

陆游在评肖彦毓的诗时说："君诗妙处吾能识，正在山程水驿中。"另一处又说："纸上得来终觉浅，绝知此事要躬行。"这就很清楚，所谓"工夫在诗外"，就是强调要"躬行"。无数事实证明，如果只关在屋子里冥思苦想，搜索枯肠，面壁九年，也绝写不出好作品来的。要做出成绩，就得深入实际，亲身实践，到火热的斗争中去体验生活，收集资料，本着对人民的深厚感情，进行艺术加工。文情汹涌而后发，这样写出来的东西才是有血、有肉、有哭、有笑的上等文章。

当然，生活在封建时代的陆游，他所主张的"躬行"，是不能与我们当今的实践相提并论的。我们生活在科技创新的时代，以人为本的社会环境为我们提供了实践的广阔场所。

文学创作如此，研究自然科学也如此。从文献到文献，把现成的理论修修补补，作点逻辑推理，那就是"纸上得来"，必然轻飘飘很少分量。只有深深扎根于客观实际，才能材料丰富，根据充足，"厚积而薄发"，最后结出丰硕的果实。

道理很简单，在旧的公理、假设或学说中转圈子，固然也可以做出一些成绩，可以把原有理论加以延伸、深化或推广，但无论如何，总不能超越旧的"理论场"，不能得出与原有公理截然不同的结论，因而得不出本质上崭新的、带有革命性的成果。要取得全新的成果，需要从另一条根开始，而这条根，又必须生长在实践的肥沃土壤上。俗话说：种瓜得瓜，种豆得豆。要想得豆，怎能只种瓜呢？

不过，对"工夫在诗外"这句话，也不能作片面的理解。如果对一个想学数学、却还不会加减乘除的人说"工夫在数学之外"，那未免为时过早。陆游的诗已经做得很好了，技巧很高，缺少的是以现实生活为背景的题材和思想感情，所以他才敢自信地说"工夫在诗外"。比较全面的学习方法是，一定要重视努力学好专业的基础理论、知识和技能，打下坚实的基础，又要注意深入到实际中去，边干边学，在实践中锻炼和提高。

冷对千夫意如何　展翅高飞壮志多

——热爱人民，热爱真理

真理的力量无穷，捍卫真理的勇士不可战胜。残暴凶狠的黑暗势力可以杀害个人，却永远不能阻挡真理的车轮滚滚向前。

残暴只能破坏，创造和建设则需要勤劳与智慧。

公元 4 世纪，埃及亚历山大城的女天文学者伊巴蒂，为了研究天体运行，被基督教僧侣指控为妖术，最终惨死。疯狂的迫害延续了约千年，新教徒和罗马教徒在搜罗"妖人"上互相竞赛。某人被告发后，如果他自认有罪，就会被立即处死，除非他捕风捉影地出卖别人，也许可以减轻刑罚。如果不认罪，他就必须忍受各种酷刑，直到牺牲为止。总之，死是很难幸免的。那时，真是人人自危，不知哪一天会大祸临头。据估计，欧洲在 15—16 世纪的 200 年间，被指为妖人而遭残害的达 7.5 万人以上。

1600 年，又发生了震动世界的布鲁诺惨案。意大利的布鲁诺，具有先进的宇宙观，他积极宣传哥白尼的日心地动学说，并且比哥白尼还前进了一大步。他认为宇宙是无限的，太阳不过是无数恒星之一，宇宙中可以居住的星球也是无限多的。在他的著作《论无限、宇宙和诸世界》中，有一首诗表明了他的观点：

展翅高飞信心满，晶空对我非遮拦，

戳破晶空入无限，穿过一天又一天，

　　以太万里真无边，银河茫茫遗人间。

　　他的学说触犯了《圣经》上的教条，耶稣教会把他视为眼中钉、肉中刺，必欲置之死地而后快。他被迫流亡国外多年，1592年回到意大利，不久被一个绅士出卖给宗教裁判所。1600年3月17日，教会以极其野蛮的手段，火焚布鲁诺于罗马的百花广场，罪名是他不仅是一个"异端分子"，而且是"异端分子的老师"。真是欲加之罪，何患无辞。在漫长的7年监狱生涯里，布鲁诺英勇顽强，毫不妥协，表现了视死如归的大无畏精神。他断然拒绝要他放弃自己的观点就可得到宽大的诱降劝告，并且公开揭发了教会的黑暗、卑鄙和无耻。1599年10月21日的档案记录中说：

　　　　布鲁诺宣布，他不打算招供，他没有做过任何可以反悔的事情，因之也没有理由去这样做……

　　其后，政治迫害愈演愈烈。恩格斯说：

　　　　新教徒在迫害自然科学的自由研究上超过了天主教徒。塞尔维特正要发现血液循环过程的时候，加尔文便烧死了他，而且还活活地把他烤了两个钟头；而宗教裁判所只是把乔尔丹诺·布鲁诺简单地烧死便心满意足了。（《自然辩证法》）

　　宗教裁判所残酷迫害科学家，他们以为用残酷手段，就能阻止真理的传播，阻止科学文化的发展，真是大错而特错。事实证明，凡是这类暴行，无不以失败而告终，这可算是一条历史规律。越镇压，真理就传播得越迅速、越广泛。霍尔巴赫在《袖珍神学》一书中有一段批判他们的绝妙的文字：

不信教的人……用他们凡人的眼光只看见我们神圣的教会里无非是一些愚人蠢事，别的什么也看不见。他们在其中发现一个愚蠢地让人钉在十字架上的愚蠢上帝，一批愚蠢的使徒，一些愚蠢的奥秘、

愚蠢的见解、愚蠢的争论以及一些由蠢人们来举行使远非愚蠢的僧侣得以生活的愚蠢仪式。

> **知识小卡片**
>
> 霍尔巴赫（1723—1789），法国杰出的唯物主义哲学家。著有《自然的体系》《社会的体系》《揭穿了的宗教》等。在这些著作中，他以犀利的笔锋，无情地揭露、批判了法国封建专制制度的天主教会和基督教义，具有鲜明的反封建、反教会性质，因而招致专制国家和教会的禁毁。

热爱真理，忠于人民，不畏残暴，不怕困难，是科学工作人员应具有的优秀品质。布鲁诺和一切献身于真理、献身于人民、献身于革命事业的英勇战士，是人类的鲜花，他们的精神浩然长存。滔滔江水，巍巍青松，真理之光，不可灭焉！

真理的海洋

——谈勤奋

追求真理，其乐无穷。多少科学工作人员在困难的环境里度过艰苦的一生，却始终守志不移，为真理而献身。进化论的先行者拉马克，家贫，一辈子刻苦勤学，与天奋斗。他在《动物学哲学》一书中热情地说：

> **知识小卡片**
>
> 拉马克（1744—1829），法国生物学家，1809年发表了《动物哲学》一书，系统地阐述了他的进化理论，即通常所称的拉马克学说。书中提出了用进废退与获得性遗传两个法则，并认为这既是生物产生变异的原因，又是适应环境的过程。达尔文在《物种起源》一书中曾多次引用拉马克的著作。

观察自然，研究它所生的万物；追求万物，推究其普遍或特殊的关系；再想法抓住自然界中的秩序，抓住它进行的方向，抓住它发展的法则，抓住那些变化无穷的构成自然界的秩序所用的方法。这些工作，在我看来，乃是追求真实知识唯一的法门。这等工作还能予我们以真正的益处；同时，还能给我们找出许多最温暖、最纯洁的乐趣，以补偿生命场中种种不能避免的苦恼。

这最后一句话，实际上是对资本主义社会的控诉。拉马克在科学上为人类作出了重要贡献，他建立了生物的种可以发生变异、有机体适应外界条件而发展以及用进废退、获得性遗传等学说，第一个系统地阐述了唯物主义的生物进化的思想。然而社会却对他冷酷无情，他晚年双目失明，靠幼女笔录，坚持工作；死后连坟地也买不起，以致后人凭吊时找不到他的墓。我们今天生活在幸福的社会主义社会，更应奋发图强，为人民积极工作，至死不息。

永不满足的对自然现象的好奇心，火一般地追求真理的愿望，炽热地对待新事物的态度，锲而不舍的钻研精神，是科学工作者不可少的重要品质。科学巨匠牛顿说：

> 我不知道，在别人看来，我是什么样的人；但在我自己看来，我不过就像是一个在海滨玩耍的小孩，为不时发现比寻常更为光滑的一块卵石或比寻常更为美丽的一片贝壳而沾沾自喜，而对于展现在我面前的浩瀚的真理的海洋，却全然没有发现。

在力学三定律的确立中，在万有引力的发现中，在光的微粒说以及微积分的创建中，他的贡献是关键性的，但他毫不满足，面对真理的海洋，对后人寄予殷切的希望。他伫立在当时科学的最高峰，眼界辽阔，站得愈高，发现的问题也愈多，与未知世界的接触面就愈广，因而追求真理的心情也就愈迫切。

牛顿的成就，主要是靠辛勤劳动取得的，而不全是倚靠天才。这可举他的助手 H. 牛顿的话为证：

> 他很少在两三点钟以前睡觉，有时到五六点……特别是春天或秋天落叶的时候，他常常在实验室里一干就是六个星期。不分昼夜，灯火是不熄的，他通夜不眠地守过第一夜，我继续守第二夜，直到完成他的化学实验。

牛顿如此，其他在科学上做出贡献的人也往往如此。达尔文曾说过，他自己"所完成的任何科学工作，都是通过长期的考虑、忍耐和勤奋得来的"。

爱迪生说过："发明是百分之一的灵感加上百分之九十九的血汗。"这句话是值得我们认真考虑的。

原因的原因

——一谈识：世界观的作用

说也不信，像牛顿这样卓越的科学工作者，却同时又是一个上帝的最虔诚的信徒，特别是在他后半生，竟花了 25 年的时间来研究神学，企图证明上帝的存在，白白浪费了宝贵的生命。他对上帝的颂词，实在荒唐。例如，他曾写过："至高无上的上帝是一个永恒、无限、绝对完善的主宰者……他是无所不能和无所不知的；就是说，他由永恒到永恒而存在，从无限到无限而显现"；"他浑身是眼，浑身是耳，浑身是脑，浑身是臂。……上帝能见，能言，能笑，能爱，能恨，能有所欲，能授予，能接受，能喜，能怒，能战斗，能设计，能工作，能建造"；"我们因为他至善至美而钦佩他，因为他统治万物，我们是他的仆人而敬畏他崇拜他"。

美与丑如此尖锐地集中在一个人身上，真是一幕悲剧。思想如此深刻却又如此浅薄，以致缺乏最起码的常识，这是为什么呢？初想起来确实令人迷惑难解。

人类对自然的认识是逐步深化的，永远没有尽头。一种现象必有它的原因（第一层），这个原因又有原因（第二层），这第二层原因又有第三层原因，如此下去，以至于无穷。譬如说，为什么抛出去的石块会落地？这是因为地球有吸引力（第一层）。为什么地球会有吸引力？因为任何物体都有引力，即万有引力（第二层）。为什么万物皆有引力？限于目前的科学水平，我们暂时还不知道这第三层原因是什么。由此可见，对于一个具体的人来说，他的认识只能达到某一层。这样，人们自然会想到：是否有一最初的原因？

有没有最初的原因？主要有两种本质上不同的答案。

辩证唯物主义认为事物是不可穷尽的，人类的认识能力也是无穷尽的，没有最初的原因，事物的原因只能从事物本身中去找，不需要也不存在超客观的因素。如果说有最初的原因，那么引起这个"最初的原因"的原因又是什么呢？辩证唯物主义的答案是积极的，它引导人们奋发图强，把原因一层层地深入追下去，每进一层就深入一步，整个人类的认识也就提高一步，如此下去以至于无穷。

唯心主义者所持的是另一观点，它认为这一非常复杂的过程可以由于引进一个"美妙的"假设而极其简单化，这就是假设上帝的存在；上帝是一切事物的创造者，是万能的主宰，是一切原因的原因。你问他引力从何而来，他说那简单得很，是上帝赋予的；再问他星球为什么会运动，他说那是由于上帝"最初的一击"；关于时间有没有开头问题，他说时间和世界一同被上帝创造出来，在上帝创造世界之前，没有时间，上帝是不生活在时间之中的。

这个假设虽然"美妙"，却封闭了真理的大门，有了它，那还需要什么科学呢？

然而牛顿虔诚地相信真有上帝，甚至不惜拿出半生光阴来作赌注，原因何在呢？牛顿出身于一个宗教气氛非常浓厚的家庭，其主要成员不是牧师就是教徒。牛顿从小就受着信奉上帝的教育。当他研究自然科学时，在客观事物面前，他不能不承认事物之间的相互联系与相互制约性，因而具有自发的唯物主义思想倾向，这帮助他取得了很大的科学成就。然而，当上帝在他头脑中抬头时，特别是当他成了企业主，成了资产阶级政治活动家时，他就迅速地陷入了唯心主义的泥坑，而且越陷越深，从而也就葬送了他后半生的科学创造。世界观对人的影响如此之大，值得深以为戒。

倚天万里须长剑

——二谈识：科学研究中的革命

科学工作人员应该具有披荆斩棘的革命胆识，对于那些阻碍科学发展的陈腐"理论"，必须坚决推翻，在批判错误理论的基础上建立新的学说。"掀翻天地重扶起"，真理与谬论不能并存，非大破无以大立，事物发展的辩证法就是如此。

化学中的燃素说，生物学中的物种不变论，天文学中的地心说，等等，都是陈腐的"理论"。

早自笛卡尔起，物理界流行着"以太假说"，认为以太是一种构造微妙的介质，它充塞于整个宇宙之中。电磁波（包括光）依靠以太传播，正如声波依靠空气传播一样。两个世纪以后，迈克耳孙和莫雷于 1887 年在克利

> **知识小卡片**
>
> 笛卡尔（1596—1650），法国著名哲学家、物理学家、数学家，被黑格尔称为"近代哲学之父"，堪称17世纪的欧洲哲学界和科学界最有影响的巨匠之一。他对现代数学的发展也作出了重要的贡献，因将几何坐标体系公式化而被认为是解析几何之父。

夫兰做了一次著名的实验，目的是想判断以太是否真的存在，结果却得到了否定的答案。他们的想法如下：如果地球真的是在以太海中航行，那么从地球上向以太海中发出的光线必定会受因地球的运行而发生的以太流所影响，正如从轮船上抛出的木片会受因轮船的运行而发生的海流

所影响一样。地球绕太阳的运行速度是每秒 32.18 公里，光速每秒约 299731 公里，所以，当一束光沿地球运行方向射出，也就是逆着以太流射出时，它的速度约为每秒 299699 公里，而当逆地球运行方向射出时，应为每秒 299763 公里，顺、逆两种速度应相差约 64 公里。可是，试验的结果表明，怎样也观察不出这一差额；换句话说，不管光线的方向如何，光的速度总是一样。这一结果使人们左右为难，或者必须放弃以太理论，或者必须推翻哥白尼的地动说。物理界为此意见纷纭，许多新的假说匆匆地贸然而来，又匆匆地悄然逝去。只有爱因斯坦敢于采取革命行动，毅然否定以太说，牢牢地抓住实验中所观察到的事实，并把它提高为一条基本假设：光速不因光源的运动而变。乍看起来，这条假设是与人们的生活常识相违背的。然而，正是从它与相对原理出发，爱因斯坦终于建立了轰动一时的相对论。

非欧几何诞生的故事更为动人。我们知道，欧几里得几何学是建立在公理的基础上的，它雄视科学界两千年，没有人能动摇它的权威。通常，科学著作容易被新著作所淘汰，很少能有几本流传两

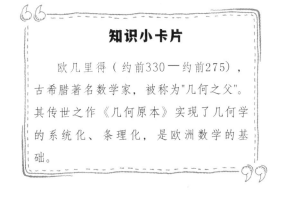

知识小卡片

欧几里得（约前330—约前275），古希腊著名数学家，被称为"几何之父"。其传世之作《几何原本》实现了几何学的系统化、条理化，是欧洲数学的基础。

三百年，唯独欧几里得写的《几何原本》与众不同，居然芳泽绵长，传诵至今。由此可见，欧几里得几何是如何深入人心了。

不过后来人们也发现了一个问题，原来在那些作为基石的公理中，第五公理显得很特别。这条公理现在是这样说的："通过不在直线上的一个点，不能引多于一条的直线，平行于原来的直线。"可是，怎样才能断定两条直线平行呢？要做到这一点，必须把它们向两端无限延长，并且处处不相交。这当然无法做到。因此第五公理是否符合实际就值得

怀疑。有什么根据说不能引多于一条的平行线呢？欧几里得本人似乎也察觉到了这一点，他总是尽量避免引用它，在他的书中，第五公理出现得很晚。这样一来，便更增加了人们的怀疑。能不能把它从公理中删掉？能不能从其余的公理中，把它证明出来，因而改变它的地位，使它由公理变为定理呢？早自5世纪以来就有人从事这一研究，而且历代不绝，其中包括一些造诣很深的数学工作者如瓦里斯、兰贝尔特、拉格朗日、勒让德，等等，然而他们都没有成功。

伏尔夫刚·波里埃终生从事于第五公理的证明而毫无成就，他的痛苦心情，流露在他给儿子的信中："希望你不要再做克服平行线公理的尝试。你花了时间在这上面，但一辈子也证不出这个命题。……我经过了这个夜的无希望的黑暗，我在这里面埋没了人生的一切亮光，一切快乐。……它会剥夺你的生活的一切时间、健康、休息和幸福。"

正当这个问题像无底洞一般吞噬着人们的智慧而不给予任何报酬时，只有罗巴切夫斯基、鲍耶、高斯等几位敢于抽出革命的剑，把它斩为两段，他们真不愧为数学革新中的佼佼者。

罗巴切夫斯基于1815年开始研究平行线问题，起初也想走证明第五公理的老路，可是1823年他认识到以前所有的证明都是错误的。1826年，他公开声明第五公理不可证明，并且采用了相反的公理：通过不在直线上的一点，至少可以引两条直线平行于已知直线。从这个新公理和其余的公理出发，他终于建立了一种崭新的非欧几何学。由于这种新几何学的结论违反人们的常识（例如它断定：三角形三内角的和小于180度），常常使人瞠目结舌，不知所云。这种几何学及其他的非欧几何学在天文学、宇宙论等中找到了应用。

罗巴切夫斯基毫不动摇地坚持自己的信念，不怕犯错误，不怕社会舆论的批评，敢于向权威挑战，公开声明第五公理不可证明，他这种大无畏的精神，很值得我们学习。高斯也得到了同样的正确的结果，甚至比罗巴切夫斯基更早些，但他谨慎地隐藏了自己的发现，没有公之于世。非欧几何的出现解放了人们的思想，扩大了人们的空间概念，可说是人类对空间的认识史上的一次革命。

疾病是怎么回事

——三谈识：主题及基本观点

自觉地学习和运用辩证法，树立辩证唯物主义世界观，对科研人员极为重要，对提高人们的德、识、才、学，有着莫大的帮助。事实证明：凡是科学中的重大发现，都是自觉或不自觉地运用辩证唯物主义的结果。自觉性越高，科学洞察力就越强，对事物本质的认识也就越深。相反，如果走向形而上学、唯心主义，那就必定会把科学引向失败或毁灭。即使像牛顿那样卓越的科学家，一旦把天体运动的原因归于上帝"最初的一击"时，真理的大门立即对他关闭了。

识的作用，表现在科研主题的选择上，表现在对问题的基本观点上。

爱因斯坦曾经说过：

> 提出一个问题往往比解决一个问题更重要，因为解决问题也许仅是一个数学上或实验上的技能而已。而提出新的问题，新的可能性，从新的角度去看旧的问题，却需要有创造性的想象力，而且标志着科学的真正进步。

1755 年，康德发表了他的巨著《自然通史和天体论》，他在序言中说，该书的目的是要"揭发造物的伟大要素所结合成的一种广袤无际的结构，并且要用力学的法则从自然界的太初状态中推测出天体的形成及其运动的起源"。由此可见，康德正确地提出了两个问题：一是揭露恒星宇宙的构造；二是解释天体及其体系的起源。康德本人虽不可能完成这些使命，而且他把天体的形成归结为力学问题也是不全面的，但他提出的两个问题，对天文学的发展起了推动作用，特别是第二个问题，成为后来天体演化学的开端。

> **知识小卡片**
>
> 康德（1724—1804），德国古典哲学创始人，哲学家、作家，是西方最具影响力的思想家之一。他有其自成一派的思想系统，并且有不少著作，其中核心的三大著作被合称为"三大批判"，即《纯粹理性批判》《实践理性批判》和《判断力批判》。

　　人类的疾病是怎么回事？怎样才算是疾病？它的本质是什么？这些问题并不简单。德国魏尔肖提出细胞病理学说，他认为疾病是由于致病因素直接作用于局部的细胞，破坏了它们的营

> **知识小卡片**
>
> 魏尔肖（1821—1902），德国病理学家、政治家和社会改革家。1858年出版了重要著作《细胞病理学》，被誉为"病理学之父"。

养、机能和生长繁殖的结果。这一见解虽然起了一定的进步作用，但他把疾病看成局部细胞的变形，忽视了疾病过程中机体的整体作用，带有严重的片面性。巴甫洛夫从辩证唯物主义出发，批评这种片面性。他根据机体和环境的矛盾统一的观点，认为应该把疾病理解为机体和环境之间以及机体内部正常关系被致病因素破坏的结果，没有严格局部定位的疾病。致病因素一方面引起疾病，另一方面还可以作为刺激物，通过神经系统的反射作用，引起机体对致病因素的斗争。这种斗争一直继续到病愈或死亡为止。这一见解比较深刻，已被较多的人所接受。

　　当然，在今天，我们对科研主题的选择，首先应该根据国家建设和

发展的需要，改善民生的需要，以求在科学方面有重大突破，要在理论上有重大创新，技术上有重大发明，使我国在科学技术上跃入世界先进国家的行列。

天狼伴星

——一谈才：实验与思维

科学研究需要多种才能：制造仪器之才，观察实验之才，抽象思维之才，推理计算之才，等等；但基本上是两种：一是实验；二是思维。既能动手，又能动脑。

科学史上有些人由于这两种才能而成对出现，他们共同协作，导致重要发现。例如前面提到过的第谷与开普勒，又如伽利略与牛顿，法拉第与麦克斯韦。"每一对中的第一位都直觉地抓住了事物的联系，而第二位则严格地用公式把这些联系表述了出来，并且定量地应用了它们。"（《爱因斯坦文集》第1卷，第15页）

法拉第，出身于英国的一个贫苦家庭，父亲是铁匠。他只上过短期小学，13岁去书店当学徒，学识全靠刻苦自学得来。他用微薄的工资，尽量购买科学仪器，以从事化学与电学的实验。后来，他听了英国化学家戴维的演讲，印象很深，便写信给戴维，请求介绍到皇家学院去工作。在工作中他表现出杰出的实验才能，对实用电学的三大分支（电磁感应、电化学与电磁波）做出了贡献，还得到了能量守恒的正确概念。但他在科学理论上的成就则较少受人注重，例如关于电磁学说，虽然他已提出了电场与磁场等基本思想，但表达不明确，没有找出数量上的规律。直到麦克斯韦，用精确的数学方法作了透彻的说明，才为世人所普遍接受。

然而不要以为这两种才能不能兼备，切勿把才能神秘化，俗话说得好，"熟能生巧"，苦干是巧干的母亲。许多人如李时珍、达尔文等就一身兼有这两种才能：既善于从自然界索取第一手资料，又能独具慧眼，从中找出规律来。

著名的天狼伴星的发现在天文学史上传为佳话，同时也显示了人类的才智。1834年，贝塞尔观察天狼星运行时，发现它并不沿着直线（直线指大圆的弧）运动，而描绘出波浪形的曲线。他怀疑这是由于天狼星被另一颗紧挨着它的星所摄动而产生的。1844年，经过详细计算，贝塞尔从理论上断定这颗星（后来叫天狼伴星）是存在的。1862年，也就是他死后16年，美国的克拉克把新制成的18英寸（1英寸等于25.4毫米）的天文望远镜对准天狼星时，果然发现了这颗伴星，贝塞尔的预言令人信服地被证实了。

天狼伴星是人类最先发现的白矮星，它的质量大得惊人，密度为水的17万倍多。贝塞尔的发现，也证明他是一个兼备实验与思维能力的人。

贝塞尔对数学也很有研究，贝塞尔函数就得到了广泛的应用。

心有灵犀一点通

——二谈才：洞察力等

好比下棋，生手自以为想了好儿步，熟手看来却很平易；生手挖空心思，熟手则灵活自如。下棋如此，科学研究也如此。要问原因，无他，熟手的才干处于较高的水平。

同一道数学题，甲做来单刀直入，十分简捷；乙虽然也做对了，却繁杂冗长，这反映了两人的思想方法和水平。甲把解题的线索想好后，下了一番整理的功夫，抓住主要的论据，逐步深入，不走弯路。这说明他力有余裕，从容不迫。乙的思路不很明确，带有盲目性和偶然性，一会儿想到东，一会儿又想到西，生怕漏掉，匆匆忙忙记下来，最后侥幸凑成答案。乙没有经过顺序的思考，他的解答中，有不少话多余、绕圈子或文不对题。由此看出，甲举重若轻，乙则喘息不已。

有时，乙花了很大力气，完成了一项研究，自以为很深刻。然而在甲看来，觉得平常，他甚至稍稍思索后就能猜中乙的解答，尽管他还不能严格地证明它。这说明甲的想象力和洞察力比较强。

"身无彩凤双飞翼，心有灵犀一点通"，有时的确如此。有些人的科学见解，远远超出同时代人之上，对一些问题的看法，洞若观火。由于历史条件的限制，虽然他缺乏"双飞翼"，不能精确地证实他的预见，但他的心灵，由于辛勤劳动和长期思考，已和自然界的客观规律"一点通"，可以敏锐地感觉到它和领悟到它了。

这方面的例子不是个别的，德国的兰伯特关于宇宙体系的见解就是其中之一。兰伯特认为宇宙的结构是无限的，是由无穷个等级不同的体系构成的，太阳系是第一级体系，包含太阳的星团是第二级，银河系为第三级，许许多多的银河系共同组成第四级，再上去还可能有第五级、第六级，等等。他的卓越见解除一些细节外已为后来两百多年的天文观察所证实，超出当时的水平两百年。

科学的洞察力，就是俗话所说的"一眼看穿"的能力，它表现在能迅速地透过现象抓住本质，表现在对一些表面上似乎不同的事物，能迅速地找出它们共同的原因或彼此间的联系。克劳塞维茨在《战争论》中说：

> 这里对较高的智力所要求的是综合力和判断力，二者发展成为惊人的洞察力。具有这种能力的人能迅速抓住和澄清千百个模糊不清的概念，而智力一般的人要费很大力气，甚至要耗尽心血才能弄清这些概念。

我国宋朝时的沈括，是一位多才的科学家。1074年，他考察雁荡山，发现一些奇怪的现象："予观雁荡诸峰，皆峭拔险怪，上耸千尺，穿崖巨谷，不类他山，皆包在诸谷中，自岭外望之，都无所见，至谷中则森然干霄。"他以惊人的洞察力，判断形成这种奇特地貌

> **知识小卡片**
>
> 沈括（1031—1095），字存中，号梦溪丈人，我国宋代伟大的科学家之一。他在天文、数学、物理、地理、医药、音乐和军事等学科中都有辉煌成就。代表作《梦溪笔谈》，内容丰富，集前代科学成就之大成，在世界文化史上有着重要的地位，被称为"中国科学史上的里程碑"。

的原因是"谷中大水冲激，沙土尽去，唯巨石岿然挺立耳"。这也就是说，他明确认识到这是流水侵蚀作用造成的。同时，他又联想到成皋、

陕西大涧中，"立土动及百尺，迥然耸立"，也是同样的原因，差别只在"此土彼石耳"。在西欧，直到 18 世纪末英国人郝登，才阐述了流水侵蚀作用，比沈括晚约 700 年。沈括还在数学、天文、物理、医药等许多方面作出了卓越的贡献。无怪乎日本数学家三上义夫说：

> 中国的数学家，像沈括那样的多艺多能，实不多见，不用说在日本，就是在全世界数学史上也没有发现像他那样的人物。（《中国算学的特色》）

善于观察，不仅对科学，而且对文学、艺术以及处理日常事务等方面都是非常重要的。洞察力也不是天生的，而是在长期实践中培养锻炼的产物。法国短篇小说家莫泊桑曾向福楼拜请教写作的方法，福楼拜说："请你给我描绘一下这位坐在商店门口的人，他的姿态，他整个的身体外貌；要用画家那样的手腕传达他全部的精神本质，使我不至于把他和别的人混同起来。""还请你只用一句话就让我知道马车站有一匹马和它前前后后五十来匹是不一样的。"关于这点，福楼拜进一步说：

> 对你所要表现的东西，要长时间很注意地去观察它，以便发现别人没有发现过和没有写过的特点。任何事物里，都有未被发现的东西，因为人们观看事物时，只习惯于回忆前人对它的想法。最细微的事物里也会有一星半点未被认识过的东西，让我们去发掘它。

挑灯闲看牡丹亭

——三谈才：善于猜想

人的禀赋不同，才能各异。或深于理解，或长于记忆；或富于直观形象，或精于逻辑推理；有些人抽象能力强，能从纷纭万象中抓住本质，另一些人则能攻坚破阵，具体问题具体解决。以上种种，都是人所共知的。然而在科学发现中，还需要一种才能，却不太为人所注意，这就是"猜"。

大自然往往把一些深刻的东西隐藏起来，只让人们见到表面或局部的现象，有时甚至只给一点暗示。总之，人们只能得到部分的、远非完全的消息。善于猜测的人，仅凭借于这部分的消息，加上他的经验、学识和想象，居然可以找出问题的正确或近于正确的答案，使人不能不承认，这是一种才华的表现。

于是我们联想起猜谜来。这是人民群众喜爱的一种智力游戏。我国远在三千多年前的夏朝，就有了这种活动。有些谜语很文雅，例如有一个谜说："南面而坐，北面而朝，像忧亦忧，像喜亦喜。"谜底是镜子。这个谜不仅符合镜子的实际，揭示了镜像对称，而且很有文采，富于形象。

猜谜的本领，随人不同；即使同一个人，他可能猜某一类谜很内行，猜另一类却无能。这种本领，主要来源于广泛的知识和丰富的想象，一个从未照过镜子的人，怎能猜出上面那个谜呢？

猜谜不简单，制谜也不容易。制谜的人大都先有了谜底，然后从它抽出某些特点，或者打一些比喻，必要时再转一点弯，便制成一个谜。例如姚雪垠的小说《李自成》中，有一谜是"挑灯闲看牡丹亭"，打一名句。谜底是王勃《滕王阁序》中的一句："光照临川之笔。"这大概是读这句话时，联想起《牡丹亭》的作者汤显祖是江西临川人，才制出这样文雅的谜来。由此可见，制谜和猜谜的思维程序，恰好是相反的。

公安人员侦破案件，在很大程度上也类似于猜谜；不过这谜是犯人出的。民警把犯人留下的蛛丝马迹连贯起来，提出一条线索，从而制订破案计划。

大自然更是一部巨大的谜书，人类为了读它，已经花了五千多年。结果发现，这些谜是永远猜不完的。猜出的越多，涌现的新谜也越多。科学家的任务，第一是要发现自然之谜（相当于制谜），第二是要猜出自然之谜。

至少从古希腊的德谟克里特起，人类就在猜想一切物质是否都由原子组成，等到这个问题有了眉目，又出现了新谜：原子是怎样构造的？猜出这个谜的是卢瑟福。1910年他和同事们提

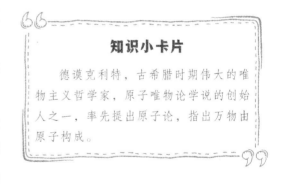

知识小卡片

德谟克利特，古希腊时期伟大的唯物主义哲学家，原子唯物论学说的创始人之一，率先提出原子论，指出万物由原子构成。

出了原子结构的行星系模型。接着，人们又猜想原子中蕴藏着巨大能量，从而提出了如何释放原子能问题。

《物理学的进化》一书开头就说：

我们是不是可以把一代又一代，不断地在自然界的书里发现秘密的科学家们，比作读这样一本侦探小说的人呢？这个比喻是不确切的……但是它多少有些比得恰当的地方，它应当加以扩充和修

改，使更适合于识破宇宙秘密的科学企图。

　　和猜谜类似，研究自然科学需要广博的专业基础知识，需要观察和实验，需要丰富的想象力和正确的方法。这四者的有机结合，大大有助于识破自然之谜。

康有为与梁启超

——四谈才：方法的选择

做任何事情都要讲究方法，方法对头，才能使问题迎刃而解，收到事半功倍的效果。这方法，不仅要针对问题的实际，使之有效；而且需切合自己之所长，扬长避短，使之可行。因此，善于迅速地找到有效的方法，也是一种重要的才能。

门捷列夫通过分类和比较，发现周期律；爱因斯坦运用数学方法和理想实验，创立相对论；德布罗意根据对称和类比的思想，发现物质波。他们的成就都是与方法分不开的。

> **知识小卡片**
>
> 德布罗意（1892—1987），法国理论物理学家，波动力学的创始人，物质波理论的创立者，量子力学的奠基人之一。1929年获得诺贝尔物理学奖。

采用什么方法，不只是一个孤立问题，而是与世界观紧密相关的。热爱人民，热爱真理，热爱劳动，是掌握科学方法的重要前提。许多科学大师在进行工作时，总是对自己提出最高的要求，态度十分严谨认真。在对问题的解答尚未完全满意以前，在自认为尚未遍览全部有关资料以前，他们决不轻易公布自己的结论。

优秀的科学家如笛卡尔、爱因斯坦等人都非常重视方法，甚至把方法论当作专题来研究。拉普拉斯说：

认识一位天才的研究方法，对于科学的进步……并不比发现本身更少用处。科学研究的方法经常是极富兴趣的部分。（《宇宙体系论》）

我国古代在学术研究中，非常重视方法论。晋朝陆机的《文赋》、梁朝刘勰的《文心雕龙》，对文章的创作方法作了系统精辟的论述；司空图（837—908）的《诗品》、王国维（1877—1927）的《人间词话》以及许多其他著作，对诗词的评价和创作都有所阐发。

清末的梁启超，在他所著的《清代学术概论》第二十六节中，曾比较他和他的老师康有为的治学方法，颇有意思，可供一读。他说：

> 启超与康有为有最相反之一点，有为太有成见，启超太无成见。其应事也有然，其治学也亦有然。有为常言："吾学三十岁已成，此后不复有进，亦不必求进。"启超不然，常自觉其学未成，且忧其不成，数十年日在彷徨求索中。故有为之学，在今日可以论定；启超之学，则未能论定。然启超以太无成见之故，往往徇物而夺其所守，其创造力不逮有为，殆可断言矣。启超"学问欲"极炽，其所嗜之种类亦繁杂。每治一业，则沉溺焉，集中精力，尽抛其他；历若干时日，移于他业，则又抛其前所治者。以集中精力故，故常有所得；以移时而抛故，故入焉而不深。

看来，康过于"有我"，因而保守自封，以己之一见而排斥新思想；而梁则过于"从众"，故常变主张而不能自造一新学说。前者在独树一帜而后者在宣传普及新思想上，却各有所得。这就是由于治学方法不同而导致治学成果各异的一个明证。

林黛玉的学习方法

——一谈学：从精于一开始

我国著名古典小说《红楼梦》第四十八回讲了一个故事：香菱向黛玉请教如何作诗，黛玉说：

> 我这里有《王摩诘全集》，你且把他的五言律一百首细心揣摩透熟了，然后再读一百二十首老杜的七言律，次之再李青莲的七言绝句读一二百首；肚子里先有了这三个人做了底子，然后再把陶、应、刘、谢、阮、庚、鲍等人的一看，你又是这样一个极聪明伶俐的人，不用一年工夫，不愁不是诗翁了。

诗来源于生活，林黛玉的这种学诗方法虽然不够全面，作家应该深入到实际中去，才能找到诗的不竭的源泉；但如果是为了继承古代诗歌的优秀传统，并从前人的创作中吸取经验，她的意见却有可取之处。

林黛玉的学习方法，对初学自然科学的人也有参考价值。现代科学，面广枝繁，不是一辈子学得了的。唯一的办法是集中精力，先打破一缺口，建立一块或几块根据地，然后乘胜追击，逐步扩大研究领域。此法单刀直入，易见成效。宋朝的黄山谷也发表过类似的见解，他说：

> 大率学者喜博而常病不精，泛滥百书，不若精于一也。有余力，然后及诸书。则涉猎诸篇，亦得其精。

费尔巴哈说：

托马斯·霍布斯只阅读非常杰出的著作，因此他读的书为数不多，他甚至经常说，如果他像其他学者那样阅读那么多的书籍，他就会与他们一样无知了。

> **知识小卡片**
>
> 黄山谷，即黄庭坚，北宋书法家、文学家。字鲁直，号山谷道人、涪翁。其诗书画号称"三绝"，与当时苏东坡齐名，人称"苏黄"。他工于文章，擅长诗歌，为江西诗派之宗。著有《山谷集》。

要建立研究据点，必须认真学好最基本的专业知识。在一个或几个邻近的科学领域内，下苦功夫精读几本最基本的、比较能照顾全面的专业书。这些书应该慎重挑选，最好是公认的名著或经典著作。

> **知识小卡片**
>
> 查尔斯·赖尔（1797—1875），英国地质学家，提出"将今论古"现实主义方法论原理和渐变论思想。他的著作《地质学原理》是19世纪有关地质进化论思想的经典著作。

有些好书，读时虽很费力，读懂了却终生受益。达尔文非常爱读赖尔的名著《地质学原理》，并以此书作为考察工作的理论指导，从中得到不少启发。书不能太少，太少则行而不远；也不能贪多，贪多则消化不良，容易沦为别人的思想奴隶。精读应循序渐进，扶摇直上，有如登塔，层层上升，迅速接近顶端。切忌贪多图快，囫囵吞枣，否则势必根基不稳，患上先天贫血症。另一方面，也不要老读同一类书，以免长久停留在一个水平上，作平面徘徊，虚掷时光，劳而少功。最好请有经验的人，帮助订一个学习计划，确定学习科目、书名、顺序和进度。

如何攻读经典名著？初读时要慢、细、深，一步一个脚印，以便深入掌握这门学科的基本知识，并体会其技巧、思路和观点。强迫自己读慢、读细、读深的一个好方法是做笔记、做习题或做实验。我们的思想常常急于求成，用这种方法可以控制自己。细读第一遍后，留下许多问题，读第二遍时会解决一些，同时又可能发现一批新问题。如此细读几遍，到后来便越读越快，书也越读越觉得薄了。这时可顺读，可反读，也可就一些专题读。顺读以致远，反读以溯源，专题读则重点深入以攻坚。三种读法，不可或缺。如是反复，最后才能提要钩玄，得其精粹。到了这时，绝大多数问题已经解决，留下少数几个，往往比较深刻，不妨锲而不舍，慢慢琢磨。这时我们面临着攻坚战，这几个难题成了攻坚对象。不要指望一两天就能成功，需要的是坚持、顽强和拼命精神。白天攻，晚上钻，梦中还惦着它们。"此情无计可消除，才下眉头，却上心头"，"忆君心似西江水，日夜东流无歇时"，反正不攻下来就没个完。这样搞它几个月，不信一点也搞不动。到最后可能还剩下极少数顽固分子，那就转入持久战，时时留心，处处注意，一旦得到启发，就可一通百通，有的甚至可以成为新的起点，导致新的发现。因此，深刻的问题，怕无而不怕有，嫌少而不嫌多。学问、学问，学与问本来就是同一事情的两个方面，是矛盾的两个组成部分，相辅相成，对立而又统一。在最后的攻坚战中，勤学多问，向一切有经验的人学习，坚信"科学有险阻，苦战能过关"，这对解决难题是十分重要的。

当然，只有那些十分重要、高水平而又艰深的著作，才值得如此努力；至于一般的书，那就只需一般读之。

有了一定的专业基础，就应抓紧时机，转入专题研究。只有从事研究，才能消化和运用已学到的东西。并且，"书到用时方恨少"，那时又会逼着自己去寻找新知识、新方法。唐代名医孙思邈曾说：

> 读书三年，便谓天下无病可治；及治病三年，便谓天下无方可用。

　　这确是切身经验之谈。要经常阅读科学杂志、评论及文摘，了解最新的发展。读大部头书，只能学到比较古典的知识，一般地，正式写进书里的东西至少是几年前的发现，不能反映最新成果。多读有关杂志，才能掌握本学科国内外的新动向、新思想、新成就。

一个公式

——二谈学：精读与博览

　　长时期只读同一专业的书，就会三句话不离本行，思想大受限制。许多有成绩的科研人员，都有广泛的兴趣。我国古代著名的数学家祖冲之，在天文、历法、文学、哲学和音乐等方面都有很深的造诣；李时珍除在医药上作出了突出贡献外，还精通博物、文学与史学。

　　17 世纪以前，科学积累的知识不如现在丰富，一个人有可能从事多方面的研究。17 世纪以后情况便大大改变了，科学在加速发展，专业分工越来越细，没有人能充分掌握当代的全部知识。于是不少人终生在自己的专业圈子里挣扎着，简直没有工夫抬起头来向周围望望。勇敢的人认识到这种局限性后，就自觉地冲杀出去，不断扩大研究领域，其中一些人终于成为科研的多面手。

　　别的学科的新思想有时会对专业工作带来很大的启发和帮助。"晴空一鹤排云上，便引诗情到碧霄"，科学研究也常有这种境界。19 世纪初，病人经手术后，伤口化脓十分严重，这对生命是个很大的威胁。英国外科医生里斯特日夜思索化脓的原因，久久不得其解。后来幸亏读到法国细菌学家巴斯德的著作，从中了解到"细菌是腐败的真正原因"，深受启发，终于发明了用石炭酸杀菌的消毒方法。1874 年，他给巴斯德写了一封热情洋溢的感谢信："请你允许我乘这机会恭恭敬敬地向你致谢，感激你指出细菌的存在是腐败的真正原因，只是根据这唯一可靠的原理，才使我找出了防腐的方法……"

数学工作者维纳具有多方面的才能，他批评一些人只注意本行，稍有逾越便认为多事，忘记了科学的无人区正是大有可为的地方。他说：

知识小卡片

维纳（1894—1964），美国数学家，控制论的创始人。在其70年的科学生涯中，他先后涉足哲学、数学、物理学和工程学，最后转向生物学，在各个领域中都取得了丰硕成果。

> 在科学发展上可以得到最大收获的领域是各种已建立起来的部门之间的被忽视的无人区。……到科学地图上这些空白地区去做适当的查勘工作，只能由这样一群科学家来担任，他们每人都是自己领域中的专家，但是每人对他邻近的领域都有十分正确的和熟练的知识。

维纳和他的同事们正是在数学、生理学、神经病理学等的边沿交叉地区奠定了控制论的理论基础。

阅读多种书刊，还可以使大脑得到积极的休息，使思想方法受到多方面的训练。英国的弗兰西斯·培根说：

> 阅读使人充实，会谈使人敏捷，写作与笔记使人精确。……史鉴使人明智，诗歌使人巧慧，数学使人精细，博物使人深沉，伦理之学使人庄重，逻辑与修辞使人善辩。

这番话有一定的参考价值。

鲁迅很主张嗜好性的读书，他在《读书杂谈》中说："爱看书的青年，大可以看看本分以外的书，即课外的书，不要只将课内的书抱住。"晋朝的大诗人陶渊明也说："好读书，不求甚解，每有会意，便欣然忘食。"这里说的是博览群书。

从精于一开始，经过博而达到多学科的精；集多学科的精，达到某一大方面或几大方面的更高水平的精。这可以看作是一个公式。

蓬生麻中　不扶而直

—— 三谈学：灵活运用

一种读书方法是把书本当作教条，死背强记，生搬硬套；另一种以书本为武器，迅敏机动，灵活运用。采用前法必被书所奴役，为书所淹没；用后法的人统帅群书，供我驱使。这两种读法，哪种好呢？当然是后者。

读书要有目的，希望它解决什么问题？我想从中找到些什么？同时还要有我的独立见解。把书中的精华与自己的见解加以比较、融化，就可加深对问题的认识。

读书应有的放矢，爱因斯坦曾说：

> 在所阅读的书本中找出可以把自己引到深处的东西，把其他一切统统抛掉，就是抛掉使头脑负担过重和会把自己诱离要点的一切。

有舍才能有得，轻装才能高速前进。行军如此，读书亦如此。

南北朝时的贾思勰，很会读书。当他读到荀子《劝学篇》中"蓬生麻中，不扶而直"两句话时，他想，纤细茎弱的蓬长在粗壮的麻中，就会长得很直，那么，把细弱的槐树苗种在麻田里，也会这样吗？于是他做实验。槐树苗由于周围的阳光被麻遮住，便拼命向上长。三年过后，槐树果然长得又高又直。

056

1907 年，德国的欧立希想用染料来灭锥虫，累遭失败。一天他在化学杂志上读到一篇文章，其中说：在非洲流行着一种可怕的昏睡病，当锥虫进入人的血液大量繁殖后，人就会长时间昏睡而死。用化学药品"阿托什尔"可以杀死锥虫，救活病人，但后果仍很悲惨，病人会双目失明。这篇文章给欧立希很大启发，但他没有停留在文章的结论上。他想：阿托什尔是一种含砷的毒药，能不能稍许改变它的化学结构，使它只杀死锥虫而不伤害人的视神经呢？在这种思想的指导下，他和同事们找到了多种多样改变化学结构的方法，一次又一次地做实验。他们的毅力的确惊人，在失败了许多次之后，终于成功地制成药品六〇六（砷凡纳明），挽救了无数昏睡病人和梅毒病人的生命。[1]

这些例子充分说明读者的见解与书本的精华相结合是何等重要。"阿托什尔能杀死锥虫，但也伤害人的视神经"，这是文章的结论；"可以改变它的化学结构，使它有利而无害"，这是欧立希的见解。这两方面的结合导致六〇六的发明。书本的精华，只有经过一番凝缩、分析、比较、抽象的功夫后才能抓住。有的放矢，带着问题学习的人，容易提出自己的见解，因为他对这个问题思索已久，脑海里储存了许多有关的信息，大有盘马弯弓、一触即发之势。如果欧立希没有长时间思考消灭锥虫的问题，那么，这篇文章写得再好，也决不能激起他智慧的浪花，只会悄然无声地消逝在茫茫无际的文献海洋之中，直到另一些人发现它的价值为止。

---

① 传说失败了 605 次；但也有人认为 606 是这种药物的编号。

涓涓不息　将成江河

——四谈学：资料积累

　　我们读一些科学名著，常常为它们的旨意高远、体大思精、立论谨严、搜罗丰富而感叹，同时也不禁要问：作者从哪里找到这么多的思想和资料呢？其实，这绝非朝夕之功，而是日积月累，辛勤劳动的结晶。

　　据不完全的统计，马克思为了写《资本论》，曾钻研过1500多种书，而且都作了提要。这种工作毅力令人惊服。列宁也是一样，善于从各方面（甚至包括托尔斯泰、屠格涅夫等人的文学作品在内）汲取他所需要的材料。

　　读书应做有心人。要善于在平时逐渐搜集对日后有用的资料，把它们写成笔记。有各种各样的笔记：有些是简单的摘录；有些加进了自己的见解，成了创作的半成品；而另一些则是相当完善的精制短篇。零件既备，大器何难！一旦需要时，就可以把它们组织起来，使之成为有价值的著作。

　　唐朝著名诗人李贺，《新唐书》说他："每旦日出……背古锦囊。遇所得，书投囊中……及暮归，足成之……日率如此。"可见他随时随地都在搜集资料，然后"足成之"以制佳篇。涓涓不息，将成江河。相传王勃的《滕王阁序》，是对客挥毫一气呵成的，这说法未必全面。我认为王勃有坚实的基础，平日积累了许多丽辞佳句，才能当场吐玉泻珠，写出这篇文采飞扬的骈体文压卷名作来。

　　鲁迅也很重视资料积累。为了研究中国小说史，他从上千卷书中寻找所需要的资料，《古小说钩沉》《唐宋传奇集》等书就是他辛勤辑录的成果。正如他自己所说："废寝辍食，锐意穷搜。"鲁迅积累资料的勤奋态度和认真精神，值得我们学习。

俄国作家果戈理说：

> 一个作家，应该像画家一样，身上经常带着铅笔和纸张。一位画家如果虚度了一天，没有画成一张画稿，那很不好。一个作家如果虚度了一天，没有记下一条思想、一个特点，也很不好……

果戈理总是每天一大早就开始工作。他又说：

> 必须每天写作。如果有一天没有写，怎么办呢？……没关系，拿起笔来，写"今天不知为什么我没写""今天不知为什么我没写"。把这句话一遍一遍地重复下去，等到写得厌烦了，你就要写作了。

达尔文是善于直接向大自然索取第一手资料的能手。从 1831 年踏上军舰作航行考察时开始，他就孜孜不倦地搜集各种珍贵动植物和地质标本，挖掘古生物化石，研究生物遗骸，观察荒岛上许多生物的习性。经过 27 年长期的资料积累和分析、写作，终于发表了轰动一时的《物种起源》，恩格斯称赞它是一部划时代的著作。

没有渐变，不会有质变；没有数量，就谈不上质量。只有平日多学习，多积累，才有可能产生高水平的创作。荀子说：

> 不积跬步，无以至千里；不积小流，无以成江海。

这话对我们是有启发的。

剑跃西风意不平

——五谈学：推陈出新

读书当作两面观：取其精华，去其糟粕。二者结合，再加创造，就叫"推陈出新"。

清代的袁枚在《随园诗话》中说：

> 欧公（欧阳修）学韩（韩愈）文，而所作文全不似韩，此八家中所以独树一帜也。公学韩诗，而所作诗颇似韩，此宋诗中所以不能独成一家也。

知识小卡片

袁枚（1716—1798），字子才，号简斋，清朝乾嘉时期代表诗人、散文家和文学评论家。他提出的"性灵说"是清代诗坛最重要的诗歌理论之一，主要传世的著作有《随园诗话》《补遗》《随园食单》《子不语》《续子不语》等。

他对欧阳修的评论虽未必全面，却形象地说明了"推陈出新"的重要。在另两处，他又说，"不取亦取，虽师勿师"；"平居有古人，而学力方深；落笔无古人，而精神始出"，也是这个意思。

要破除迷信，敢于向科学权威的错误挑战。真理的长河永无穷尽，任何人，不管他如何正确，他总是生活在一定条件之下，因此，他的见解，总会带有某种局限性。桃李不须夸鲜艳，风雨纵横好题诗。前贤虽云好，新人胜旧人。这是历史发展的必然规律。

唐朝有一部书叫《唐本草》，书中说：如果把北方的芜菁移植到南方，就会变成白菜，意思是说，移植是不会成功的。700年过去了，明朝的徐光启偏偏不信，他要试一试，便在南方种下芜菁，几年后却并未变成白菜。此后，他又把山芋从福建移植到上海，把水稻从南方移植到北方，都得到了成功。

20世纪初，有人断言：向地球上的远方发射电磁波完全不可能，因为电磁波穿过大气层就会一去不返。然而马可尼却不相信，他不用导线把信号送过大西洋，对岸居然收到信号。这是由于大气层的电离层像镜子一样把电磁波反射下来。马可尼与俄国波波夫的发现是无线电事业的开端。

要说大权威，可以举出希腊的亚里士多德，然而他也有许多错误。例如，他说："推一个物体的力不再去推它时，原来运动的物体便归于静止。"这个似是而非的论断，欺骗了世人一千多年，直到引起伽利略的怀疑为止。伽利略这样想：有人推一辆小车在路上走，如果他突然停止推车，小车并不立即停止，还会再走一段路，如果路面平滑，这段路就会更长些。伽利略过人之处，就在于他的思想并未于此中断，相反，却再向前走了一大步，居然完成了认识上的飞跃——一个真正够得上飞跃称号的飞跃。他设想，如果毫无摩擦，小车便会永远运动下去。这确实是一个大胆的革新思想，谁见过永远前进的车子呢？当然，这个实验是不可能实现的，因为无法把摩擦全部消除，它只是一个"理想实验"。伽利略的想法后来由牛顿写成力学第一定律："任何物体，只要没有外力作用，便会永远保持静止或匀速直线运动的状态。"能从万象纷纭的无数学说之中，挑出伽利略的这一思想，并把它提到这样的高度，说明牛顿的科学鉴赏力是何等高超，可谓慧眼识真金矣！爱因斯坦也高度评价了这一工作，他说："伽利略的发现以及他所应用的科学推理方法，是人类思想史上最伟大的成就之一，而且标志着物理学的真正开端。"顺便提出，爱因斯坦本人也是善于从事"理想实验"的。

荒谬的东西，没有巧妙的伪装，便一刻也不能生存。"剑跃西风意不平"。不要被学术权威所吓倒，对陈腐观念，要敢于怀疑，敢于斗争。同时还必须尊重客观实际，脚踏实地，努力工作。"为求一字稳，耐得半宵寒。"只有把大无畏的革命精神与实事求是的科学态度结合起来，才能作出较大的贡献。

钱塘江潮与伍子胥

——六谈学：关于学术批判

汉朝王充，是一位批判大师，他读书很多，但决不盲从，认为"俗儒守文，多失其真"。他写了一本书叫《论衡》，就是专门批驳前人的错误或他不同意的论点的。这部书的写作，前后历时30多年。王充的批判，根据充实，说理透彻，言词精简，有破有立，绝不是从个人或帮派小集团的利益出发，以古为弹，以今为靶，专门颠倒黑白，伤人害人。所以他的文章，读来令人心服。譬如，在《书虚篇》中谈到钱塘江的潮水问题，据说是伍子胥被吴王夫差杀害后，忠魂不散，驱水为潮，以表愤慨。王充指出这是欺人之谈，他举出12点理由，反复说明潮水绝非伍子胥的魂所激起的；接着又列出6点根据，正面解说潮水是一种自然现象，并正确地指出"涛之起也，随月盛衰，大小满损不齐同"。他在当时能认识到潮与月的关系，确是卓见，非同凡响。英人李约瑟很重视这段批判，把这段原文和译文完整地引用在他写的《中国科学技术史》第四卷中。王充的思想确很深刻，真能探微索隐，入木三分。他有许多见解，远远超过当时的水平。又如关于两小孩辩日，问太阳是在早晚近还是在中午近。这在那时确实是一大难题，因为人们对日、地的运动及地球的形状还认识不清。而王充却能慧心独运，举出三点理由，证明中午的太阳近。这不能不令人惊服。

学术批判，必须讲道理，明是非，不能强词夺理，以势压人。批判，是批判错误，批判消极因素，是为了促进学术繁荣，扶植百花齐放，绝不是否定一切、打倒一切。批判的最后成果，应是立新；无新，则批判不能彻底。有些道理，并非全错，只是适用范围有限。批判它的局限性，也是有积极意义的。例如牛顿力学对低速运动是很准确的，但对高速运动，则误差很大，应以相对论力学来代替。

17世纪以前，医学界流行着一种错误的见解，认为人的血液产生于肝脏，存在于静脉中，进入右心室后渗过室壁流入左心室，经过动脉，遍布全身后就在体周完全消耗尽。这是2世纪罗马医学家格林等人的说法，保持了千多年的权威，"糟粕所传非粹美，丹青难写是精神"，直到英国哈维对它进行批判，并发现血液循环不止。

哈维认为血液是循环的，而不是产生后不久就消耗尽。他的根据是：半小时内通过心脏的血液，已经是人体血液的全部，人决不能在这么短的时间里制造这么多的血，只有假设血液沿着一条封闭线

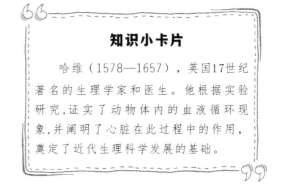

知识小卡片

哈维（1578—1657），英国17世纪著名的生理学家和医生。他根据实验研究，证实了动物体内的血液循环现象，并阐明了心脏在此过程中的作用，奠定了近代生理科学发展的基础。

路循环流动，才能解释这种现象。哈维说：

心脏传输的血量到底有多大？流过的时间到底有多短？这些问题长期在我头脑中盘旋。结果我发现，血液只能从动脉倒流入静脉，从而流回心脏右方，消化所吸取的营养精华。否则，无论如何也不可能供给这么多的血液，这样静脉也会被抽空，动脉将因供血太多而胀破。当我总结这些证据的时候，我就开始推想是不是可能有一个循环的运动。

接着，哈维用结扎人体四肢的实验，证明由动脉流来的血液，不是

在体周消失，而是流入静脉了。此外，他还用了胚胎学和比较解剖学的材料，来论证血液的循环。哈维的发现，为动物生理学建立了基础，贡献很大，但他谦虚谨慎。哈维很喜欢这首诗：

> 谁也没有达到完善的地步，
> 他以为是知道的，实际上有许多地方还不知道。
> 时间、空间和经验增加了他的知识，
> 或改正他的错误，或训诲他，
> 或引导他放弃那些他过去曾经深信不疑的东西。

斗酒纵观廿一史

——读点科学史

　　明朝末年，史可法写过一副对联："斗酒纵观廿一史，炉香静对十三经。"唐太宗李世民也曾说过："以铜为镜，可以正衣冠；以古为镜，可以知兴替；以人为镜，可以明得失。"宋朝的司马光等人遵照皇帝的命令，花了19年时间，修成编年史《资治通鉴》；司马光说自己"学术荒疏，凡百事为皆出人下，独于前史粗尝尽力，自幼至老嗜之不厌"。可见封建统治阶级是非常重视读史的。其目的是想从历史中吸取治理国家和管理百姓的经验教训，掌握所谓牧民之术。封建统治阶级既然如此，我们难道不也应该读点历史，来识破和揭露他们那一套统治的手段，并且古为今用，从中吸取对我们有益的经验吗？

　　读社会发展史，可以提高对文明进化、社会发展的理解和认识；同样，读科学发展史，吸取前人的经验，对提高科学工作者的德、识、才、学，也有很大的帮助。

　　科学上一些重大的发现，或者重要学说的建立，往往需要几十年、几百年甚至上千年的集体努力。例如，对天体运动的研究，从遥远的史前时代就已开始，我国古代早就有"地动"的思想，汉朝的著作《春秋纬元命苞》中说："天左旋，地右动"，《尚书纬考灵曜》中说得更清楚：

　　　　地恒动不止，而人不觉，譬如人在大舟中，闭窗而坐，舟行而不觉也。

以后经过波兰的哥白尼推翻地心说建立日心说的革命，经过万有引力的伟大综合，直到广义相对论的出现，才为宇宙论打下初步的理论基础。即使从哥白尼算起，也有近500年的历史，何况现代宇宙论正方兴未艾，有待后人的继续努力呢！

宇宙论如此，其他如电磁学说、原子论、生命起源、生物进化，等等，也无不经历很长的历史发展时期，其中有资料积累的渐变岁月，也有大破、大立、大跃进的关键时刻。人们应该了解今天在这个发展长河中处于什么位置，应该抓住现阶段的发展主流和生长点，以便正确安排我们的工作，为此，就应该读点科学史。

纵观科学史，不仅可以了解科学发展的趋势，而且还会因前人的成就而受到启发和鼓舞。开普勒因发现行星的轨道是椭圆而喜不自禁地写道：

> **知识小卡片**
>
> 开普勒（1571—1630），德国天文学家、物理学家、数学家，现代实验光学奠基人，有"天空立法者"之称。17世纪科学革命的关键人物，其最为人知的"开普勒三大定律"对天文学、物理学影响深远。

以我一生最好的时光和第谷在一起所追求的那个目标，终于要公之于世了。再没有什么能制止我了。大势已定！书已经写成了，是现在被人读还是后代才被人读，于我都无所谓了。也许这本书要等上100年，要知道大自然也等了观察者6000年呢！

当我们读到这些词句时，不也似乎分享到一份欢乐，为科学的重大发现而兴高采烈？

彗星的故事

——简谈我国古代的发现、发明

我国人民勤劳勇敢，聪明能干，富于创造精神，古代四大发明：火药、指南针、纸、印刷术，早已誉满全球。其实我国的发明创造，车载斗量，不可胜数。在炼铁、建筑、缫丝、手推车、风车、水车、风箱、多轮磨、染料、耕作、酿酒、制糖、制酱、医药等方面，都在世界上遥遥领先。

公元132年，张衡发明世界上第一个记录地震的仪器——候风地动仪。

我国最早制造瓷器，比西方早1000多年。

公元166年左右，东汉崔寔在《四民月令》中记载植物的性别与繁育关系，比欧洲早1500多年。

公元304年，西晋嵇含的《南方草木状》中关于生物防治的记载，比西方早1500多年。

公元前581年已有针灸疗法的记录，此法于公元550年传入日本，17世纪传入欧洲。2世纪，东汉华佗成功地运用全身麻醉药物，比西方早1400多年。

5世纪，南朝祖冲之，算出圆周率 π 的值在 3.1415926 和 3.1415927 之间，比西方早1000多年。

《汉书·五行志》中有关于公元前28年的太阳黑子记录，《伏侯古今注》中有关于公元前30年的极光记录，这些都是世界上有关天文的最早记录。史书《春秋》中记载了公元前722年至公元前481年的36次日食，经推算其中32次是可靠的，这是上古最完整的日食记录。

周朝已使用凹面镜聚焦阳光取火，最早利用太阳能；《论衡》中有磁性指示方向的司南勺及静电现象的记录；北宋沈括研究了指南针的四种装置方法，并在世界上最早发现地磁偏角；他关于地壳运动也有很多创造性的见解，写在《梦溪笔谈》中。

以上只是我国古代科学发现和发明中极少的一部分。劳动人民的想象力是惊人的，他们有许多很有价值的思想。一些人在此基础上再加以提炼、概括、观察，创立新说。例如古代的浑天说，主张"天之形状似鸟卵，天包地外，犹卵之裹黄"，其中便暗含地球是球形的思想。又如关于宇宙构造问题，老子的《道德经》中有一段话很有意思：

天地之间，其犹橐籥乎？虚而不屈，动而愈出。

这段话的意思是说：宇宙好像大皮囊，富有弹性，虽然空虚，但不屈折，一经压迫，气便外泄。老子（道家创始人）也许是受了当时冶铁工艺的启发。因为冶铁必须高温，高温必须鼓风，大皮囊便是用来鼓风的。20世纪初，瑞典物理化学工作者阿尔亨尼斯等提出"脉动的宇宙"，认为宇宙有时既以星系"逃逸"的形式膨胀，有时又发生收缩，恰如心脏时伸时缩一样。这种把整个宇宙看成有限的观点还在讨论中；但如只考虑宇宙的一部分，例如我们的银河系所在的总星系，那么，根据广义相对论，总星系有可能是脉动的。膨胀反映为红移，收缩表现为各星系的相互接近。这恰好和两千多年前的老子思想相暗合。

许多天文记录，也以我国为最完备。英国哈雷发现1682年出现的彗星，与1607年及1531年出现的彗星有相似的轨道，因而推论这是同一颗彗星（后命名为哈雷彗星），约每隔76年6个月出现一次。于是，他便查出这颗星出现的时间，但用欧洲的记载只能上溯到公元989年，即北宋太宗雍熙三年。除我国外，世界最早记录也只能到公元66年——法国天文杂志载：公元66年在耶路撒冷看到彗星。而我国的记录却可追溯到公元前611年，即春秋鲁文公十四年秋七月，"有星孛入于北斗"；自秦始皇七年即公元前240年起，记载更为完整，至公元1910年止，我国共有记录29次，加上以前的两次共31次，都符合于理论计算，这说明记录是准确的。上下两千年，绵延近百代，居然无一次记错，可谓难能可贵矣！后人还根据这些资料，算出哈雷彗星在汉朝时轨道与地球轨道平面的交角，与现在比较已相差达八度之多。

人们曾研究金牛座的蟹状星云，发现星云以每秒1300多千米的速度在膨胀，如果这个速度历来未变，那么可以算出大约在900年前，星云的全部物质集中在很小的中心地区。于是，不难想象那时曾发生一次超新星的大爆发，然后物质才四向扩散而成为今天的星云。果然，我国《宋史》卷五十六有这样的记载：

至和元年五月己丑（即1054年7月4日），客星出天关东南可数寸，岁余稍没。

天关就是金牛座星，现在天文界已普遍承认，这就是那次超新星大爆发的历史证明。由此可见我国天文工作者的认真负责精神。

回顾我国古代科学发现、发明，可以看到，我国伟大的各族人民，是非常聪明，非常勤劳，非常勇敢的，他们中涌现出了许多杰出的科学家，创造了灿烂的古代科学文化，对人类作出过巨大贡献。

新中国成立以后，在党的领导下，全国人民和广大科技人员，建立和发展了一系列新兴科学技术，例如自力更生地制成原子弹、氢弹、导弹，准确发射和回收人造地球卫星，创建地质力学，推翻了中国贫油论，成功地预报了一些大地震，在世界上第一次人工合成结晶胰岛素。此外，在数学、医学等方面的研究上也都取得了重要成果。如今形势更为喜人，国家为科学技术的疾飞猛进，进一步开拓了广阔的道路，我们应该乘东风，破万里浪，继承和发扬祖国科学技术的优秀传统，充分发挥聪明才智，为攀登世界科学技术高峰，建设强大的社会主义国家而作出更多、更大的贡献。

万有引力的发现

——长江后浪超前浪

科学上的许多重要发现，例如万有引力、电磁场、相对论、量子论、生物进化论、元素周期表、原子能，等等，真是人间珍品、科学精英，"何须浅碧深红色，自是花中第一流"，使人心旷神怡，一读三叹。

是什么促使科学家获得这样丰硕的成果和达到这样高的创造境界呢？泰山虽高，还须岩石支持；江河虽大，无源必致枯竭。一个伟大学说的建立，需要广大人民群众的集体努力。群众的生产实践，是一切发现、发明的基础。等到粗具规模，欲出未出时，专业人员的见识，以及他们所具有的卓越的洞察事物本质和训练有素的概括综合才能往往起决定性的作用。概括综合，绝不是像加法一样简单求和，而是要从表面似乎不相关联而实际上却是同类的许多事实中抽取共同的规律。

考察一下万有引力发现的经过，对我们了解识、才、学在其中的作用，无疑是很有益的。

自从开普勒等人发现行星运动的三定律后，自然就产生了一个迷人的问题：是什么驱使行星不知疲倦地绕太阳作椭圆运动呢？

也许是有某种力作用于行星呢。以研究磁铁著称的吉尔伯特就曾设想这种力是磁力。1666 年波勒利又想到行星运动必然产生离心力，为了使它们不离日而去，必须有一种"向心力"来平衡离心力，就像人用绳子系着石块做圆周运动时，手必须用力牵着绳子一样。1673 年惠更斯在研究钟摆的著作中进一步指出：离心力和半径 r 成正比，和周期

T 的平方成反比,这也就是与 $\frac{r}{T^2}$ 成正比;然而根据开普勒第三定律,T^2 与 r^3 成正比。因此,向心力应与 $\frac{r}{r^3} = \frac{1}{r^2}$ 成正比。这一结论已为胡克、哈雷等于 1679 年左右得出。

另一方面,当时还流行着笛卡尔的涡动学说。笛卡尔认为宇宙是由太初的混沌演化而来的,混沌中充满了物质的微粒,微粒的初始运动没有什么规律,后来逐渐获得了离心的涡动性质,就像水绕某些点作漩涡运动一样。涡动的结果之一便产生了太阳系,太阳是一个涡动中心。

由此可见,前人已在引力方面做了许多工作。那么,牛顿又做了些什么呢?

第一,对引力本质的认识。牛顿起初也是相信笛卡尔学说的,但后来抛弃了它。笛卡尔学派还有一个更一般的观点,他们否定彼此间有距离的物体间有相互作用力,要有的话,也必须通过中间介质

知识小卡片

惠更斯(1629—1695),荷兰物理学家、天文学家、数学家。他建立向心力定律,提出动量守恒原理,改进了计时器。是近代自然科学的一位重要开拓者。

(以太)来传递。牛顿对此提出异议,他认为:物体之间有吸引力,这种力不需要什么介质的帮助;吸引作用是物质本身固有的属性,就像磁力是磁铁的属性一样。牛顿也与惠更斯不同,后者认为引力不是物体本身所固有的,而是物体机械运动的结果。从牛顿的观点出发,立即得出一个重要的推论:既然引力是物体本身的性质,那么宇宙间一切物体都应该有引力,这就是引力的万有性。

第二,关于万有引力的数学形式。以上只是初步的猜测,如果不找出引力的定量表示,而且验之于实践,那么这些想法是不能使人信服的。由于引力与质量都是物体所固有的,因而容易想到,二者之间应有

某种关系，而且是正比关系。把这一思想和胡克等人的结果联系起来，便得到万有引力 F 的表达式为：

$$F = k \frac{m_1 m_2}{r^2}。$$

其中 k 是比例常数，m_1 与 m_2 代表两物体的质量，r 是它们之间的距离。

第三，考验此公式是否正确，唯一的办法是通过实践。牛顿对月球的运动作了大量研究，结果证实：月亮运动的向心加速度，以及地球表面物体（如苹果）落地加速度的数值，都和上述公式吻合。此外，他又用数学演绎法证明：开普勒根据经验求得的行星运动三定律可以由上面的引力公式重新推算出来。由此可知，驱使行星运动的正是引力。这样，便有相当根据断定：无论是月球绕地，物体落地或行星绕日，都是同一种力，即引力作用的结果，这些引力的数值可以按同一公式计算出来。

牛顿以后，哈雷对彗星的研究，海王星的发现，天体力学以及其他方面的无数事实，都验证了万有引力定律是普遍（至少是高度近似的）正确的。后人利用上面的公式，近似地求出了地球的质量约为 6×10^{27} 克。

从上面的故事中可以得到什么启发呢？

"引力是物体的固有属性"，这是牛顿对引力的"识"，也是他进行研究的指导思想。正因为他有了正确的指导思想，才可能把物体落地，月亮绕地，行星绕日等表面上毫不相干的现象联系起来考虑。学习和批判笛卡尔等先行者的研究成果，这对他的"识"的形成，起了重大的作用。除有正确的"识"以外，牛顿的概括综合、分析推理的才能也是惊人的，他与莱布尼茨等人所发明的微积分学，是他进行研究的强有力的数学武器。发现万有引力定律时，牛顿才 25 岁，够得上"桐花万里丹山路，雏凤清于老凤声"了。

当然，牛顿的工作也有局限性。从他的观点看来，引力是瞬时建立的，传播的速度是无限大。然而相对论却证明了：引力的相互作用也是以一个有限速度传播的。牛顿还拒绝研究引力是怎样产生的，他说："引力事实上是存在的，这就足够了。"其实，万有引力的本质确是一个重大问题，至今还远未解决。目前关于引力子与引力波的研究，正是这方面的一些尝试。

第二编　实践·理论·实践

从普朗克谈起

—— 科学发现的一般方法和逐步逼近

　　德国人普朗克是物理学中量子论的创始人，关于科学发现问题，他有一段话讲得很清楚：

　　物理学各种定律是怎样发现的？它们的性质又是怎样的呢？……物理定律的

> **知识小卡片**
>
> 　　普朗克（1858—1947），德国著名物理学家、量子力学的重要创始人之一。1900年，提出了普朗克常数，同年，提出了"量子化"的概念，得出了辐射定律的理论推论。1918年，获得诺贝尔物理学奖。普朗克和爱因斯坦并称为二十世纪最重要的两大物理学家。

性质和内容，都不可能单纯依靠思维来获得，唯一可能的途径是致力于对自然的观察，尽可能搜集最大量的各种经验事实，并把这些事实加以比较，然后以最简单最全面的命题总结出来。换句话说，我们必须采用归纳法。一个经验事实所根据的量度愈是准确，其内容也就愈丰富。所以，物理知识的进步显然和物理仪器的准确度，以及使用量度的技术有密切的关系。……要找出不同量度所遵守的共同定律都非常困难……唯一有效的方法就是采用假说……我们遇到了一个难题，即如何找到最适当的假说的问题？在这方面并无普遍的规则。单有逻辑思维是不够的，甚至有特别大量和多方面的经验事实来帮助逻辑思维也还是不够的。唯一可能的办法是直接掌握问题或抓住某种适当的概念。这种智力上的跃进，唯有创造力极强的人生气勃勃地独立思考，并在有关事实的正确知识指导下走上正轨，才能实现。……如果假说被证明是有用的，那我们就必须继续前进。我们必须接触假说的实质，并通过适当的公式表达出来——除去一切非本质的东西，说明它的真正内容。……前面所说的那种智力跃进可以构成一座桥，让我们通向新知识。……我们还须用一个更经久的建筑物来代替它，要能经得起批评力量的重炮轰击。每一种假说都是想象力发挥作用的产物，而想象力又是通过直觉发挥作用的。……但直觉常常变成一个很不可靠的同盟者，不管它在构成假说时是如何不可缺少。……还要认识到，新理论的创造者，不知是由于惰性还是其他感情作用，对于引导他们得出新发现的那一群观念往往不愿多作更动，他们往往运用自己全部现有的权威来维护原来的观点，因此，我们很容易理解阻碍理论健康发展的困难是什么。(录自《从近代物理学来看宇宙》)

在这里，普朗克谈了许多问题，其中特别指出：物理定律不可能单纯依靠思维来获得，而必须致力于观察和实验；同时，他也讲到提出假说时"智力上的跃进"的重要。但他最后还是没有很好回答到底怎样才能找到正确的假说这一难题，只是说"唯一可能的办法是直接掌握问题或抓住某种适当的概念"。而"直接掌握问题或抓住某种适当的概念"又怎样才能做到呢？他也没有回答。

其实，绝大多数正确的假设，都不是一次就找到的，必须通过逐步逼近的途径。每提出一次假设，经过实践的考验，不管成功或失败，我们都会前进一步。吃一堑，长一智。不断试探，不断前进，一次又一次地修改前面的假设，才可能实现最后的成功。我们管这种方法叫逐步逼近法。一般地说，正确的假设往往是在修改许多错误的或片面的假设以后才获得的。明确了这一思想，我们就有胜利的信心。至于如何减少逼近的次数，则依赖于研究人员的科学想象力与洞察力，依赖于他们的德、识、才、学。

在数学中，为了求出某个方程的数值解，常常采用逐步逼近法。其实，这种方法不仅适用于数学，对任何科学研究都是卓有成效的。

前面已经说过，开普勒就是运用逐步逼近法发现了行星运动三定律的。他对第谷的观察资料进行分析以后，初次假设太阳绕地球转，第二次假设火星绕太阳做圆周运动，都与观察不符，最后才假设火星绕太阳作椭圆运动，终于得到了正确的结论。

一般说来，为了研究某个问题，应该从观察或实验着手，尽量收集有关资料，对资料进行仔细分析，经过对比、类比、推理、计算等考虑以后，思想便会发生一个飞跃，得出初步的结论。但因这个结论还是粗糙的，只能算是尚未证实的假设，这是对问题解答的第一步逼近。为了考验初次假设的正确性，需要继续观察或实验，如果新资料与它符合，那么它就得到了新的支持而变得更可靠；如果不符合，就应研究为什么，找出原因，从而修改初次假设以提出第二次假设。如此继续下去，一次比一次更接近于正确的解答。

这里发生一个问题：怎样判断假设的正确性？它必须具备两个条件：一是能圆满解释已有的全部资料；二是根据它能多次作出正确的预言，以便指导实践。经得起实践考验的正确假设就是自然的客观法则或定律。

除了一些偶然发现外，许多重大发现、发明都是走这条路的。我们只看到最后的、成功的结果，那些逐步抛弃的中间假设则从不公布，这是很可惜的，因为其中蕴藏着许多经验教训和千万个不眠之夜。另一方面，这也容易造成人们对科学家的迷信，把他们看成超人，非常人所能望其项背。哪有这么一回事？其实这是因为只见其巧，不见其拙，没有看到他们的全部底稿中，百分之九十由于不够完善而没有发表的原稿。

大自然的无穷性

——认识为什么是逐步逼近的

大自然讨厌孤独，喜欢联系，它总是把许多事物直接或间接地联系起来，使每件事物都有来龙去脉，左邻右舍。绝对孤立的东西是从来没有的。可是，正因为如此，也就使它容易暴露自己。人们正是通过事物间的相互联系来认识世界的。

通过各种形式犯罪案件的侦破，公安人员发现：凡集体作案往往比单人作案易于破获。因为人多则必相互联系，连环套中总有弱点可寻，只要突破一点，就可能由此及彼，环环相扣，拉出一长串来。大自然把各种事物联系在一起，正如多人作案一样，容易被人破获。这是世界可知性的重要原因之一。

从突破一点，到问题的彻底解决，正是逐步逼近的过程。人们总是通过台前表演人，逐步找到幕后指挥者。由此可见，逐步逼近法所以普遍适用，绝不是偶然的，而是因为它切合了自然界本身结构的规律，有它深刻的哲学根据的。

大自然的另一性格是绝不满足现状，它总是在不断地运动和发展，并且在这个过程中努力改造和调整自身。自然界井井有条，近代物理学和天文学都证实了宇宙结构的层次性。人类日常接触的范围叫宏观世界，往下是分子、原子的微观世界，再往下是基本粒子。基本粒子也不是最后的，它们也应该有自身的结构，尽管现阶段的科学对此还知道得不多。近年来我国一些科学工作者提出的"层子模型"是这方面研究的开端。往上是太阳系、银河系，再往上是总星系，等等。生物界也是如此，从普通生物到微生物以至病毒。自然界的无穷性极其丰富，一首民歌说得好：

　　大跳蚤背着小跳蚤，小的就把大的咬；
　　小的身上还有更小，一直下去没完没了。

　　自然界一方面显示着层次性，另一方面，在同一层中，又展开了面上的无穷性。以宏观世界而言，有无机界、有机界之分，有生命、无生命之分，以及动物、植物之分，等等。

　　自然界的运动、发展和结构的层次性决定了人们的认识必然是逐步逼近的，这是逐步逼近法的另一哲学基础。一条定律或一种学说只适用于一定的范围，只在一定的条件下正确。如果条件变了，或者范围扩大了，就必须修改甚至推倒重来。经典力学是很好的例子，它在低速的宏观世界里非常准确；但是对接近于光速的运动则无能为力，必须代之以相对论力学；至于深入到原子领域，那就基本上不能用，那里是量子力学和量子场论的天下。无数种各自适用于一定范围和条件的定律、法则组成真理的滚滚长河，"江山代有才人出，各领风骚数百年"。人们就是这样不断地认识自然界的。

赵县石桥

—— 科研开始于观察

河北省赵县有一座桥，是隋代石工李春设计修建的，历时 1300 多年，至今仍巍然屹立于汶水之上。这是世界上保存完好的最古老的石拱桥，是建筑史上的奇迹，它充分体现了我国劳动人民卓越的才智。

洪水泛滥，冲击桥身，桥必须很坚固，才能承受巨大的冲力；但另一方面，如过分考虑它的牢靠性，就会投资过多，造成浪费。要解决这个矛盾，只能从观察入手，收集多年来河流的最大洪水量，从洪水以及其他有关资料出发，才能切合实际地制订出建桥方案，使它既经济，又耐用。

其实，在主题确定以后，任何联系实际的科学研究都开始于观察，连抽象的数学也不例外，数学中的许多公理不是来源于对实际的观察吗？人们通过观察以积累资料，从而增加感性知识。马克思说：

研究必须充分地占有材料，分析它的各种发展形式，探寻这些形式的内在联系。只有这项工作完成以后，现实的运动才能适当地叙述出来。(《资本论》)

狄德罗说：

我们有三种主要的方法，对自然的观察、思考和实验。观察搜集事实；思考把它们组合起来；实验则来证实组合的结果。

观察有直接、间接两种：直接的观察，由研究人员亲自动手，以取得第一手资料，如李时珍观察蕲州蛇，第谷观察行星运动；间接的观察，即利用前人观察所得的充实、可靠的资料，如开普勒之于第谷。

1977 年 3 月，人们通过直接观察，发现天王星有环（以前误认为行星中只有土星有环），国际天文界称它为自 1930 年得博发现冥王星以来，50 年间太阳系天文学的重大发现。事情的经过是这样的：1973 年英国格林尼治天文台预报，1977 年 3 月 10 日天秤座内的恒星 SAO158687 将被天王星本体所挡住。根据这一预报，我国及美国等天文界按时进行了观察。出人意料的是：在天王星本体掩之前 35 分钟，就出现了掩事件，光度计记录了光度读数下降 7 秒钟后回升，在以后的 9 分钟内，光度计又下降了 4 次，每次 1 秒钟；在本体掩以后又发生了对称的 5 次掩事件。这说明天王星至少有 5 个环，主环广 100 千米，其他环各宽 10 千米。

有些现象可以从自然界直接观察到，如日月食、地震。有些则不然，或因自然界无此种现象，如生物品种杂交；或因自然界虽有，但难于观察，如放射性现象。对此人们便安排实验，创造便于观察的环境，以收集所需的资料，例如通过加速器来研究基本粒子，又如斐索安排实验以测定光速。由此可见，实验也是为了观察和检验。

观察必须明确目的，应该把全部注意力集中于研究对象，其他的暂时置之不理，做到"目无全牛"，专心致志。观察还必须有正确的指导思想，这无论在观察的过程中，或在资料的整理中，都极为重要；否则就可能失之交臂，即使得到了正确的结果也仍然不认识它。

牛顿在发现万有引力之后，曾经从事天体运行的研究。关于彗星他曾说过："如果说，有两颗彗星，经过一定的时间间隔后出现，描画出相同的曲线，那么就可以下结论说，这先后两次出现的实质上是同一颗

084

彗星。这时候我们就从公转周期本身决定轨道特性，并求出椭圆的轨道。"

哈雷挑起了这副担子，他收集了从 1337 年到 1698 年间各种书刊上有关彗星的记录，在牛顿思想的启发下，终于认出了他所关注的彗星（后人称之为哈雷彗星）。读一下哈雷自己的工作记录，无疑会留下深刻的印象。他说：

收集了从各处得来的彗星观察记录后，我编成一张表，这是广泛的、辛勤劳动的果实，对于研究天空的天文学家，这是不大的果实……天文学的读者必须注意到，我所提出的数字是从最精确的观察得到的，并经过多年忠诚的、尽我力所能及的研究以后才发表的。

相当多的事情使我想到，1531 年阿比安所观察的彗星，跟 1607 年开普勒和朗格蒙丹所描述的是同一颗，也就是 1682 年我自己观察的那一颗。全部轨道根数都是完全一致的，只有周期不等，其中第一个周期是七十六年两个月，第二个周期却是七十四年十个半月，大概这里面有问题，但是它们的差是这样小……因而我坚定地预言，这颗彗星在 1758 年还要回来的……

果然，没有辜负哈雷的期望，它于 1758 年 12 月回来了。随后又于 1835、1910、1985 年出现，下一次该在 2060（或 2061）年。

此曲何必天上有

——巧妙的实验设计

做实验时，操作的熟练程度固然重要，但更重要的是实验的设计，即如何正确地安排实验的问题。

历史上一些著名的实验，例如测定光速的实验、测定电子电荷的密立根实验、迈克耳孙–莫雷否定以太存在的实验、列别捷夫证明光具有压力的实验，等等，为科学发展建立了功勋。它们巧妙的设计思想，闪耀着智慧的光辉，使人们赞叹不已。"鸳鸯绣出从君看，金针还须度与人。"仔细探讨它们的设计思想，会使人深受启发。

清早，当我们看见太阳从地平线升起，总以为它一出来，我们就立即看到了它。谁会想到，它出来的时刻，其实要比我们最初看到它时要早，虽然早得很少。历史上，伽利略以惊人的洞察力，最先认识到光速不是无限大（即不是瞬时的），而是有限的。这样，他就正确地提出了计算光速的问题。其后 44 年，也就是 1676 年，丹麦天文学家罗梅尔由观察发现：当地球与木星的距离最小时，木卫星食的时刻比预计的早些；相反，当距离较大时就晚些。这证明木星的光到达地球的时间在前后两种情况下是不同的，可见光速的确有限，从而证实了伽利略的想法。罗梅尔还利用这一发现，第一次测得光速约为每秒 20 万千米，误差虽然很大，却把问题的解决大大向前推进了一步。

1847 年法国的斐索首次用非天文方法测得光速为每秒 313000 千米。我们不能在这里叙述他的巧妙实验，只想提出一点：要测出光速，必须设法判断走过一段距离后到达的光就是原来出发的光。我们能认出老朋友是因为有面貌为标志，有什么办法也能给光安上标志，使人能识别这就是原来的那一束光呢？这就是斐索实验设计中的精华。他用一个迅速旋转的齿轮把光束"劈开"而解决了问题。"此曲何必天上有，人间亦得几度闻。"斐索偏偏不服气，居然不在天上，而是在地球上测出了比较精确的光速，不能不说是很大的创造。

　　缺口一经突破，以后便容易多了。接着就有很多人或者改进斐索的方法，或者另创新法，继续测定光速，次数在 25 次以上，前后持续 300 年，赫赫然可谓盛矣！目前测得光速的最佳值为每秒 299792.5 千米，误差不超过 1 千米。

　　不管实验的设计如何巧妙，总是以比较简明的基本思想为依据的。罗梅尔利用木卫食，斐索则"劈开光束"，抓住了这点，其他就好理解了。

原始地球的闪电

——各种各样的实验

有各种各样的实验，按其目的分类，有：

（1）定性实验　判定某因素是否存在，某些因素间是否有联系，某对象的结构如何，等等。例如，迈克耳孙-莫雷否定以太存在的实验，列别捷夫证明光具有压力的实验，都属于这一类。另一著名的否定性实验是吴健

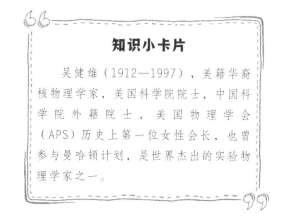

知识小卡片

吴健雄（1912—1997），美籍华裔核物理学家，美国科学院院士，中国科学院外籍院士，美国物理学会（APS）历史上第一位女性会长，也曾参与曼哈顿计划，是世界杰出的实验物理学家之一。

雄等人完成的。1956年，李政道、杨振宁提出了弱相互作用中宇称不守恒的假设。为了证实这一假设，吴健雄用钴-60来做实验，但在常温下，钴-60的热运动会干扰实验的结果，因此需要把钴-60冷却到0.01K，使钴核的热运动停止下来以除去干扰，结果证实了这一假设。

（2）定量实验　目的是要测出某对象的数值，或求出对象与因素间的数量关系之公式。著名的例子如斐索测定光速的实验、汤姆孙求出电子荷质比的实验，等等。在封入稀薄气体的玻璃管两端加上高电压，这时，从阴极发出了一种射线，根据它在电场和磁场同时作用下的弯曲程度，可以测定阴极射线粒子的速度以及它的质量m和它的电荷e的比

值 m/e。原来这种粒子的质量约为最轻的氢原子的 1/2000，这就是电子的发现。

（3）模型实验　人们根据部分的观察，设想研究对象的大致轮廓，从而提出一个模型，它在某些方面反映了对象的特征。然而，这个模型是否真的近乎实际，还有待于更多的实验来检验，这一类实验就是模型实验。1910 年，卢瑟福等人以 α 粒子束注射金箔时发现，有些粒子的轨道发生了大角度的散射，因而领悟到原子核的存在，于是提出了原子结构的行星系模型。然后，"用数学方法我算出了散射所应遵循的定律并发现沿着一定角度散射的粒子数目应同散射箔的厚度、同原子核电荷的平方成正比，并同速度的四次方成反比。这些结论在后来为盖勒与马斯登的一系列的漂亮实验所证实"（卢瑟福）。

（4）析因实验　这是寻找主要原因或因素的实验。例如，1864 年法国巴斯德证明食物腐败主要原因是由于微生物的作用，这一实验还肯定了几个世纪悬而未决的疑难：生命不能在很短时间内从无生命物质中突然产生出来。

（5）模拟实验　在实验中创造条件以模拟自然条件或自然的演变过程。例如 1952 年，米勒用甲烷、氨、氢和水汽混合成一种与原始地球大气基本相似的气体，把它放进真空的玻璃仪器中，并连续施行火花放电，以模拟原始地球大气层的闪电。只用了一星期的时间，居然在这种混合气体中得到了五种构成蛋白质的重要氨基酸；而在自然界中，完成这种转化需要几百万年。这为研究生命起源开辟了一条新途径。

（6）理想实验　根据日常的经验，人们认识到为了研究某个事物，有些因素是次要的，可以暂时放弃不计；只需抓住本质的东西，就可得到基本上正确的结论。例如，在研究地球绕太阳公转时，由于地球半径只约有 6378 千米，比起日地的平均距离（约 14960 万千米）来，小得几乎可以不计，因此，这时可以把地球当作一个"质点"来处理。于是，为了使事情大大简化，人们可以设想一种所谓理想实验，其中次要因素已被排除。这样就出现了数学中无部分的"点"，无宽度的"线"；物理中无形变的"刚体"、无黏滞性的不可压缩的"理想流体"，以及略去了分子体积和分子间相互作用的"理想气体"，等等。历史上一个著名而又简单的理想实验是由伽利略所设想的，由此他发现了惯性定律。爱因斯坦在建立相对论时，也曾采用理想实验以帮助思维。

还有其他类型的实验，不能一一列举。实验需要理论的指导，理论需要实验的启示和证实，两者相辅相成，互相促进。

奇妙的 "2" 与 "3"

——谈仪器、操作与资料整理

制造新仪器，改进操作技术，对科学实验具有重大意义，它可以帮助我们看到前人从未见过的现象，从而导致新的发现。没有显微镜，列文虎克就不能发现细菌，巴斯德也不可能建立细菌致病的学说。没有望远镜，伽利略就不能发现木星的卫星。列文虎克的显微镜和伽利略的望远镜，都是亲手制造的，这样才使得他们在此两项发现上领先。

"工欲善其事，必先利其器"，随着仪器的不断改进，研究也逐步深入。在金属物理中，人们起初只是用显微镜来观察金属的结构。1912年，X射线的应用打开了金属内部结构的大门，从此对金属的研究由宏观转入微观，由表面进入内部。1930年以后，由于电子衍射技术及电子显微镜的发明，研究金属表面构造的工作又大大向前推进了一步。

在光谱分析发明之前不久，实证主义的创始人孔德还断言天体的化学成分永不可知，但运用此项发明于太阳与恒星后，就立即推翻了孔德的唯心主义不可知论的断言。

为了研究环境对生物的影响，人们建成了"生

知识小卡片

孔德（1798—1857），法国著名的哲学家、社会学和实证主义的创始人。开创了社会学这一学科，被尊称为"社会学之父"。他创立的实证主义学说是西方哲学由近代转入现代的重要标志之一。

物电子室"。一间房里炎热干燥犹如沙漠，隔壁却寒风刺骨好似北极。每间房内的温度、湿度、压力、风向和阳光都可单独调整，用以模拟地球上任何一个地区的气候条件，从而为研究环境对动物、植物的影响提供了方便。

熟练掌握操作技能，是做好实验的基本功。要善于使用现代仪器，以扩大感官功能；还要灵活地控制高温、高压、高速、真空等实验条件，以模拟环境。在实验过程中，必须省设备，赶时间，眼明手快，头脑清醒，既不放过有用线索，又能迅速地取得准确的数据。对于观察结果，要及时记录、整理和分析，以免像野鹤孤云，随风飘去，杳不可寻。

分析资料时首先碰到的问题是：它们是否完全？是否可靠？前者易懂，后者却有些费解，来自实际的东西，怎么会不可靠呢？其实，原因也很简单。譬如说，人造卫星发出的信号，可能由于太阳及电离层的活动，由于接收机中分子的热运动，或多或少被歪曲了，因而人们收到的，是受到噪声干扰后的信号，其中有了不同程度的失真。干扰越厉害，可靠性就越低。目前，人们已经创造出一些抗干扰、恢复信号本来面目的方法。

如何发现隐藏在资料背后的自然规律？这确是一门高超的艺术，它依赖于研究人员的德、识、才、学。近年来数学中有一些数据处理的方法，可以帮一些忙。门捷列夫发现元素周期表，是成功地分析资料的光辉先例。这里还可举另一个重要而又简单有趣的例子——行星运动三定律的发现。为了说明问题，我们不妨把它复述一遍。

把地球作为比较的标准，地球与太阳的距离算成一个单位，它绕太阳公转一周的时间（即周期）是一年。任一其他行星与太阳的距离记为 D，绕太阳公转周期设为 T 年，那么，第三定律说：$T^2 = D^3$。这意味着：行星公转周期的平方等于它与太阳距离的三次方。

开普勒是怎样发现这个定律的呢？他所得到的直接观察资料只是后表中的头两横行，上面记着：对水星而言，距离是 0.387 个单位，公转周期为 0.24 年；对其他行星可类似读表。现在让我们设身处地地为开普勒想一下，假设要某人从头两横行的数字中找出规律来，他接过这一任务后，立刻就会发现这些数字很凌乱，简直没有头绪；如果他缺乏耐心，两天过后，就很可能把它们扔到一边，洗手不干了。开普勒却不然，有一个信念在支持着他，即他坚信自然界必有规律可循；何况他又迷恋着数学，所以他认为一定可以从中找出规律来。于是在很少有人理解和支持的困难条件下，他顽强地战斗下去，中间也不知道经过多少次失败，最后终于发现了第三定律：$T^2 = D^3$。

我们从表中第三、四行可以看到，那里上下两个数是多么接近啊！这个哑谜，道破了极其简单，但在未揭露谜底以前，确实令人想断肝肠。怎么会想到 T^2 与 D^3 呢？这个 2 与 3 是怎么想出来的呢？"独上高楼，望尽天涯路。"开普勒一定做了许多次尝试，搞了多次逐步逼近，才最后找到它们。今天，我们如果利用对数，事情就明朗得多，请看下表的比例近似于 2：3，即

$$2：3 = -0.41：-0.62 = -0.14：-0.21 = \cdots$$

但当时对数还刚发明，开普勒很可能不知道它是什么。

	水星	金星	地球	火星	木星	土星	天王星	海王星
D	0.387	0.723	1.000	1.52	5.20	9.54	19.2	30.1
T	0.24	0.615	1.000	1.88	11.9	29.5	84	165
D^3	0.057	0.377	1.000	3.512	140.6	868.3	7078	27271
T^2	0.057	0.378	1.000	3.534	141.6	870.2	7056	27225
$\log D$	-0.41	-0.14	0	0.18	0.72	0.98	1.28	1.48
$\log T$	-0.62	-0.21	0	0.27	1.07	1.47	1.92	2.22

走到了真理的面前，却错过了它

——谈对实验结果的理解

实验的结果未必正确，即使正确，也可能理解错误。这有两种情况：一是由于做实验的人学识不足，经验不够；二是解说人早有成见，戴着有色眼镜，把实验结果硬拉来为某种目的服务。后面这种偏见更为顽固，不容易纠正。

18 世纪，化学界流行着一种错误的理论——燃素说。它认为：某物体所以能燃烧，是因为它含有一种特殊的物质，名叫燃素。燃烧就是燃素从物体中分离的过程。可是燃素是什么样子呢？谁也没有见过。于是，许多人投入了寻找燃素的工作。

1766 年，英国的卡文迪许做了一个新奇的实验，他把锌片和铁片扔进稀盐酸或稀硫酸里，金属片突然大冒气泡，放出来的气一遇到火星就立即燃烧以至爆炸。燃素说的信徒们听到这个消息后顿时高兴得沸腾起来，高喊燃素找到了。他们解释说：金属片和酸作用时，金属被分解为燃素和灰烬，因此，放出来的气体就是燃素。然而，他们大错特错了，这种气体其实是氢气。

解释还在一错再错。1774 年，英国的普利斯特里，对氧化汞加热后得到一种新气体，点燃的蜡烛碰到它就会大放光芒。今天，我们知道，燃烧是燃烧物质和空气中的氧相化合的过程。普利斯特里找到的正是氧气。如果他能客观地分析问题，是有可能正确地揭开燃烧之谜的。不幸之至，我们又遇到了一个顽固的燃素论者。他从燃素论的观点出发，完全错误地解释了自己的实验，说什么新气体是不含燃素的，一旦碰到蜡烛，便贪婪地从蜡烛中吸取燃素，既然燃素大量释放，所以燃烧便非常旺盛。就这样，普利斯特里走到了真理的面前，却当面错过了它。后来直到拉瓦锡，才建立了正确的燃烧学说。

关于燃烧，还有一个故事，它说明指导思想的重要性。1673 年，英国的玻意耳把铜片放在玻璃瓶里，猛烈燃烧后，铜片竟变重了。许多人重做了他的实验，结论都一样。但俄国的罗蒙诺索夫偏偏不信，他也重复了一遍，不过他与玻意耳不同，在整个实验过程中都把瓶口密封，而玻意耳在加热完后就把瓶口打开。这次的结果与以前不同，玻璃瓶并未加重。这是怎么回事呢？原来在玻意耳的实验里，空气进入瓶内，与金属化合，所以重量增加了。

人们不禁要问：为什么想到"密封"呢？

这不是偶然的碰巧，而是与"识"有关。罗蒙诺索夫对自然的认识比较深刻，在实践中他已认识到物质不灭定律，他写道：

> 在自然界中发生的一切变化都是这样：一种东西增加多少，另一种东西就减少多少。

正是根据这一指导思想，罗蒙诺索夫终于揭示了玻意耳的错误。

历史上有不少重要的发现与发明，人们需要经历很长的时间，才能充分理解它们的意义。时间是一面精细的筛子，它以人类实践织成的网格进行筛选，尽量不让有价值的成果夭折，也不容忍废物长存。因此，对待新的科学发现，最好是报以热情，并让实践去考验它，犯不着匆匆忙忙乱批乱砍，须知它是不会马上造成奇灾大难的。相传富兰克林曾请一位太太参观他的科学新发现，那位太太问："可是，它有什么用呢？"富兰克林回答道："夫人，新生的婴儿又有什么用呢？"

1782 年，英格兰的古德利克，对恒星大陵五进行了研究，他发现这颗星的亮度总是有规律地增强和减弱。他经过仔细思考,获得了正确的理解:大陵五有一颗绕自己旋转的暗伴星,当这颗伴星周期性地走过大陵五的面前时,便遮挡了它的光。100 年以后,这一出色的解释得到了来自多普勒效应方面的有力支持。古德利克是一位聋哑人,死时才22 岁。我们不能不为他在巨大困难中所取得的成功而敬佩,同时也从中得到鼓励:只要努力和坚持,勤于观察,善于思考,我们就有可能为祖国的科学事业做出贡献。像李四光先生那样,他和我国地质工作者所创建的地质力学,在矿藏勘探、工程地质、地震地质等方面都获得了许多的应用。精诚所至,金石为开,非虚言也!

恒星自行、地磁异常及生物电

——再谈正确的理解

譬如打仗，侦察员收集各种情报，或正确，或虚假，或片面，甚至有相互矛盾的。司令员的指挥艺术，就在于通过深思熟虑，把这些情报联贯起来，给它们一个合情合理的、能够说明一切现象的解释，并根据这种理解，下定决心，作出判断，制订战斗计划。由此可见，对情况的正确理解是何等重要。

科学研究也是战斗，不过它的对手是自然界。科学研究的观察相当于战斗中的侦察，而且对方（如基本粒子世界、癌症等）往往是完全陌生的，难于认识的。

通常，观察只提供不完全的消息，由这部分消息，可以得出多种理解，但其中只有一种是正确的。要找到这种正确的理解，必须去伪存真，由表及里，下一番苦功，这就需要卓越的才识。爱因斯坦说：

> 知识不能单从经验中得出，而只能从理智的发明同观察到的事实两者的比较中得出。

如果把这种"理智的发明"，理解为对观察资料的正确解释，以及从而作出的科学假设，那么他的话是很有道理的。

1718 年以前，人们错误地认为恒星是不动的。哈雷把弗兰斯提依、第谷及喜帕恰斯所编的三张星表中所载恒星的位置加以比较，发现天狼星、大角星和毕宿五在这三张表前后所经历的 19 个世纪中，相对于其他恒星有了明显的移动，它们与黄道的距离有变化。面对这种情况，可以有三种解释：一是观察记录有误差，二是黄道位置有变动，三是恒星本身在运动。哈雷正确地坚持后一观点，终于发现了恒星的自行。

1761 年，罗蒙诺索夫在彼得格勒观察金星凌日，发现金星进入太阳圆面和后来离开时，围绕金星出现了一个明亮的环形带。他正确地解释了这一现象，认为这

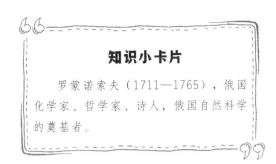

知识小卡片

罗蒙诺索夫（1711—1765），俄国化学家、哲学家、诗人，俄国自然科学的奠基者。

是由于太阳光在金星大气中折射而产生的。于是他最先发现了金星上有大气，并且认为金星大气不稀于地球大气。这一发现早于在天文学中应用光谱分析和摄影术之前 100 年。近来的星际航行测定：金星确有灼热的大气，密度约为地球的 60 倍。

我们知道，地球上存在着磁场——地磁场。1874 年斯米尔诺夫发现库尔斯克地区的地磁场有强烈的异常现象。1919 年，在列宁的指示下，对该地区进行了地球物理勘探。1923 年，第一个钻孔在 163 米深处找到了巨大的铁矿。这件事对地球物理勘探方法的迅速发展起了重要的推动作用。

我们常是由结果推究原因，但事物往往是一果多因的，这就要求排除片面性。下面的两个例子说明这一点。

在酿酒制酱过程中，我们看到发酵现象，但发酵的原因何在呢？巴斯德对细菌做过深入研究，他深信发酵一定是某种活的有机体活动的结果，而不是什么惰性的化学反应。另一方面，封·利比喜却认为发酵的起因是某种化学酵素的作用。两种见解相持不下。直到 1897 年，布希纳从磨碎的酵母中分离出一种酵素，因而开创了对酶的研究，这才证明了他们两人都是正确的，不过都有片面性：发酵由酵素引起，但这种酵素

098

只能由活的生物经营而成。

另一次学术辩论发生在18世纪，问题是生物的肌肉和神经会不会产生电流？意大利的伽伐尼在解剖青蛙时，发现蛙腿会由于接触金属而颤抖，他认为这只能用生物能产生生物电流来解释。但是瓦尔达持异议，他说这是因为两种不同的金属

知识小卡片

布希纳是德国著名生物化学家，酶素化学的开拓者，无细胞发酵的发现者。19世纪中期学术界对发酵本质争论激烈。布希纳用实验说明了发酵主要是酵素而不是酵母细胞起作用，从而发现了酒化酶。他推动了生物化学、微生物学、发酵生理学和酶化学的发展，于1907年获诺贝尔化学奖。

相接触而引起的金属电。后来人们认识到这两种电（生物电与金属电）都存在，人、电鳗、含羞草、向日葵等都有生物电。

最后一个例子说明，对待观察数据，必须采取客观和认真的态度。1672年，法国科学院派李希去开云观察火星冲日，他到那里后，察觉带去的相当准确的钟莫名其妙地每昼夜总要慢两分半，他只得缩短摆长来作校正。10个月后，李希返回巴黎，发现那钟又快了起来。由此他领悟到开云地方的重力加速度比巴黎的小，从而发现地面各处重力不相等。牛顿从中也得到启发，他想：由于地球自转产生的离心力，地球物质应有向赤道方向移动的趋势。因此，牛顿断定：地球的形状是个扁椭球，夸大些说像个平放的鸡蛋。但当时法国有许多人不承认，他们从漩涡论出发，认为地球是个长椭球，有如直立的鸡蛋。主张此说的有巴黎天文台台长卡西尼等。卡西尼还进行了一次实际测量，似乎证实了自己的主张。这争论继续了几十年，直到牛顿死后数年，法国科学院派了两支测量队分别去赤道附近的秘鲁和北方的拉普兰德作实地测量，才最后证明牛顿是正确的。长椭球论者所以失败，除理论错误以外，还因为他们的测量中含有很多误差，并且态度主观，只选用那些对自己的成见有利的数据。

思接千载　视通万里

——谈想象

在分析观察资料时，从实际出发的创造性的想象起着重要的作用。客观实际是空气，想象力是翅膀，只有两方面紧密结合，才能飞得高，飞得快，飞得远。

想象以客观的资料为依据，但又不拘泥于实际而有极高的抽象性，它是直觉的深化与外延，人们凭着想象来猜测研究对象的性质及其未来。列宁高度评价想象在科学创造中的重要作用，他说：幻想是极其可贵的品质。

有人认为，只有诗人才需要幻想，这是没有理由的，这是愚蠢的偏见！甚至在数学上也是需要幻想的，甚至没有它就不可能发明微积分。（《俄共（布）第十一次代表大会》，《列宁全集》第33卷）

爱因斯坦也非常重视想象力，他说：

想象力比知识更重要，因为知识是有限的，而想象力概括着世界上的一切，推动着进步，并且是知识进化的源泉。严格地说，想象力是科学研究中的实在因素。（《爱因斯坦文集》第1卷）

爱因斯坦认为是想象力推动知识进化，推动着人类进步。可见，他对想象力是多么重视。

有些人对所研究的问题有着丰富的想象，仿佛身临其境，亲眼看见一样。18 世纪初，当人们对电的种种现象还没有理出一个头绪时，富兰克林根据自己的实践构成了对电的鲜明直觉，他把电想象为一种电流体，这种流体充塞于一切物体中；当它处于稳定状态时，物体不带电，流体过多时就带正电，过少就带负电；流体有趋于稳定的趋势，这种趋势表现为吸引力，引力太强就发生火花或电震。富兰克林的想象对电学发展有深刻的影响，如果把他所设想的电流体看成电荷，那么他的想象与现代的电学原理是暗合的。

想象是怎样产生的呢？

和一个人接触多了，闭上眼睛，就会出现他的形象，或者说，对那个人有了直觉。我们脑中的形象，并不包含那个人的一切细节，只是他的带有特征性的、区别于其他人的大概的轮廓。同样，和所研究的对象打交道久了，也会产生直觉，直觉就是它的一幅写生画。这幅画已经把对象初步抽象化了，就是说，已经初步扬弃了一些表面的次要的东西，抓住了一些重要的特征，并把这些特征组成为一个整体。电在富兰克林心目中的写生画就是电流体。

通过想象，人们可以把时间缩短、空间缩小，或者反之，把它们放长、放大。晋朝陆机在《文赋》中说："观古今于须臾，抚四海于一瞬""笼天地于形内，挫万物于笔端"。刘勰《文心雕龙·神思篇》中说："寂然凝虑，思接千载；悄焉动容，视通万里。"说的都是这个意思。

想象往往带有浪漫主义的色彩，如屈原在《橘颂》中写的"苏世独立，横而不流兮。闭心自慎，终不失过兮"。李白写的"飞流直下三千尺，疑是银河落九天"，这些是文学中的想象。这些诗句之所以动人，不仅因为它有丰富的想象，而且因为这想象是有现实基础的，可信的。同样，科学发现中的想象，也必须从实际出发，否则就可能坠入唯心主义的空想，对工作毫无好处。

想象是星星之火，有的熄灭了，有的却会引起席卷山林的熊熊烈焰；想象是滔滔大海中的滚滚波涛，没有它，海洋就会变成一潭死水。

对称、类比、联想、移植与计算

——谈分析方法

问题来了，从哪里下手呢？收集了观察资料，怎样分析呢？怎样提高我们的想象力呢？

人们常常把一个大而难的问题，分成若干个比较小而易的题目，从容易突破的地方开始；也可以先找一些带有典型性的特例，从实际例子下手。一般说来，具体的、特殊的情况比较容易研究，把它们搞清楚了，就可能得到启发。《老子》中说"图难于其易，为大于其细"，也有这个意思。

1856 年，巴斯德发现乳酸杆菌是使啤酒变酸的罪魁；后来，他又研究蚕病的原因，事实证明，细菌仍然是祸首。根据这两次经验，他终于领悟到细菌致病的一般原理，为医学做出了贡献。

除了"从具体到抽象、从个别到一般"的方法外，还可采用对称、类比、联想、移植、计算等方法。开普勒运用计算方法成功地发现了行星运动三定律。

大家知道，自然界到处有对称性：阴电、阳电，正面、反面，生物躯体的左右对称，天体运动对时间的对称（表现为周期性），等等。

1924 年，法国人德布罗意正是根据对称的思想，发现了实物的波动性。他的想法如下：

1. 自然界在许多方面是显著地对称的；

2. 现今可观察到的宇宙是由光与实物组成的；

3. 既然光有粒子性和波动性，那么，与光对称的实物也应具备这两种性质。

实物具有粒子性，人人皆知；至于说它还有波动性，可就觉得新鲜了，谁见过实物的波呢？

德布罗意甚至还前进了一步，他又用类比法预言了实物波的波长。众所周知，对光来说，波长 λ 和动量 p 之间有关系式 $\lambda = \dfrac{h}{p}$，h 是普朗克常数。德布罗意宣称：这个公式也适用于实物。他的这些思想，后来都被证实了。

由于某事物的启发，联想到其他事物，有时也能导致新发现。1932年发现中子后，苏联物理学家朗道联想到宇宙中可能存在一种密度极高的星体——中子星。两年以后，美国的伯德及茨威斯基也有同样看法，并发表文章，说："所谓中子星，就是星的最终阶段，这完全由挤得很紧的中子构成。" 1968 年，人们果然从蟹状星云的中心找到了这种星。

所谓移植法是将一个学科中已发现的法则或行之有效的方法移用到其他领域中去。例如运用细菌致病学说于医学中而产生抗菌消毒法；免疫疗法来源于种牛痘；电子仪器的可靠性理论可为研究大脑的功能和构造打开思路。

一般地说，人们对所研究的对象愈陌生，就愈想拿熟悉的东西来和它对比，例如，麦克斯韦把电磁现象与不可压缩的液体对比，因为二者在数量规律上相似。广而言之，许多在质上虽不同的现象，只要它们服从相似的数量

知识小卡片

麦克斯韦（1831—1879），英国物理学家、数学家。经典电动力学的创始人，统计物理学的奠基人之一。1873年出版的《论电和磁》，被尊为继牛顿《自然哲学的数学原理》之后的一部最重要的物理学经典。

规律，就往往可以运用类比方法来研究。例如振动理论可用于机械的、电磁的、声的、热的、光的、地质的、天体物理的、生理的等振动现象中，甚至量子力学中的薛定谔方程也是古典波动方程的类似。

再看一个运用类比法的有趣的例子。17 世纪，数学界对无穷级数还研究得很少，著名数学家伯努利（1667—1748）不会计算级数

$$\sum_{n=1}^{\infty} \frac{1}{n^2} = 1 + \frac{1}{4} + \frac{1}{9} + \frac{1}{16} + \cdots$$

的值，于是他请求支援。消息传到欧勒那里，引起了他的兴趣，最后欧勒用类比法求出了它的值为 $\frac{\pi^2}{6} \approx 1.645$。他的思想是拿三角函数方程与代数方程作类比（参看本篇附录）。从现代数学的观点来看，这个解法是不严格的，却得到了正确的结果。类比、对称以及移植等方法，有时（但不是一切时候）可以得到正确的结论，因此，它们不失为启发性的思想方法。启示的初步结论有待进一步严格地证明。在科学研究中，不仅要学会严格，而且要善于"不严格"。过于严格只能循规蹈矩地前进，而善于"不严格"却往往会取得出奇制胜的成功。"不依古法但横行，自有风雷绕膝生。"如果是不受旧规的束缚而又合乎客观规律的"横行"，这话自有几分道理。

附录：欧勒用下述的类比法，求得

$$\sum_{n=1}^{\infty} \frac{1}{n^2} = \frac{\pi^2}{6}$$

（甲）设 $2n$ 次代数方程

$$b_0 - b_1 x^2 + b_2 x^4 - \cdots + (-1)^n b_n x^{2n} = 0 \tag{1}$$

有 $2n$ 个不同的根为 β_1，$-\beta_1$，β_2，$-\beta_2$，$\cdots$，β_n，$-\beta_n$。两个代数方程，如果有相同的根，而且常数项相等，那么，其他项的系数也分别相等，故

$$b_0 - b_1 x^2 + b_2 x^4 - \cdots + (-1)^n b_n x^{2n}$$

$$= b_0 \left(1 - \frac{x^2}{\beta_1^2}\right) \left(1 - \frac{x^2}{\beta_2^2}\right) \cdots \left(1 - \frac{x^2}{\beta_n^2}\right)$$

比较两边 x^2 的系数，即得

$$b_1 = b_0 \left(\frac{1}{\beta_1^2} + \frac{1}{\beta_2^2} + \cdots + \frac{1}{\beta_n^2}\right) \tag{2}$$

（乙）考虑三角函数方程

$$\sin x = 0$$

它有无穷多个根 0，π，$-\pi$，2π，-2π，3π，-3π，$\cdots$ 将 $\sin x$ 展开为级数，除以 x 后，这方程化为

$$1 - \frac{x^2}{3!} + \frac{x^4}{5!} - \frac{x^6}{7!} + \cdots = 0 \tag{3}$$

其中 $n! = 1 \cdot 2 \cdot 3 \cdot \cdots \cdot n$。显然，方程（3）的根是

$$\pi，\; -\pi，\; 2\pi，\; -2\pi，\; 3\pi，\; -3\pi，\; \cdots$$

方程（3）与（1）不同，因为（3）式左方有无穷多项，（3）不是代数方程。但欧勒不管这些，硬拿（3）比作（1），并对（3）运用（2），得

$$\frac{1}{3!} = \frac{1}{\pi^2} + \frac{1}{4\pi^2} + \frac{1}{9\pi^2} + \cdots$$

由此即得 $\quad \dfrac{\pi^2}{6} = \displaystyle\sum_{n=1}^{\infty} \frac{1}{n^2}.$

针刺麻醉的启示

——谈概念

人们利用自己在长期实践中积累起来的德、识、才、学，对观察资料进行分析研究，这两方面的初步结合便构成想象。想象还是比较直观的东西。要使认识从感性上升到理性，来一个飞跃，需要抓住事物的本质、事物的内部联系以及经常起主要作用的因素。人们常常把这种在实践中多次重复出现的、本质的内部联系或主要因素抽象为"概念"，用概念来概括它们。

毛泽东曾经说过：

> 社会实践的继续，使人们在实践中引起感觉和印象的东西反复了多次，于是在人们的脑子里生起了一个认识过程中的突变（即飞跃），产生了概念。概念这种东西已经不是事物的现象，不是事物的各个片面，不是它们的外部联系，而是抓着了事物的本质，事物的全体，事物的内部联系了。

如果把想象比作研究对象的写生画，那么概念便是这幅画的画龙点睛部分；眼神流盼，全画皆活，画中人物，也就呼之欲出了。

举个例来说，我国医务人员，发明了针刺麻醉方法，只需用几根银针，扎在人体的有关穴位上，对病人就能起到麻醉镇痛作用。针刺能治头痛、牙痛，这早在两千多年前我国古医书《内经》里就有记载。人们想到，既然针刺可以止痛，那么它是否也能预先防痛呢？通过摘除扁桃腺等手术的实验后，发现果然有效，不过也有失败的记录。有一次，确定了二十多个穴位，扎针后捻转几下，就让针留在穴里，随即开始做手术，可是这次失败了。为什么呢？人们想起《内经》里的一句话："刺之要，气至而有效。"这就是说，针刺入后，一定要使病人产生酸、胀、重、麻等感觉，同时医生手下则有一种好似针被轻轻吸住的感觉，这样才能生效。这就是所谓"气至"，或叫"得气"。

医务人员有了"得气"的概念后，随即发生第二个问题，怎样才能"得气"呢？后来发现，只有在手术过程中，持续捻针，而不只是开始时捻几下就停止，才能得气。于是产生了第二个概念，为了得气，必须要有足够的"刺激量"，即不仅要捻，而且要捻得足够。

到此，还只说明针刺可以镇痛，可是为什么能镇痛呢？人们追本溯源，又前进了一步：第一，得气感与疼痛感在病人大脑中并存斗争，得气感压下了疼痛感；第二，针刺调节了病人各种器官的功能，克服了由于手术引起的功能混乱。由此可见，没有足够的刺激量是不行的。

针刺麻醉是我国的创造，它正在继续向前发展。这个例子生动地说明了：在科学研究中必须形成正确的概念，才能抓住事物的本质。概念是由感性认识过渡到理性认识的桥梁，是认识过程中的里程碑和加油站，是思维借以飞跃的翅膀。

正确的概念指引我们前进，错误的概念却会把人引入歧途。"生命力"这一概念就是如此。18世纪中叶，有些人认为无机物与有机物之间有一道不可逾越的鸿沟，只有生物体中所特有的一种叫作"生命力"的神秘东西，才能把无机物变为有机物。这种思想是错误的。1828年，尽管德国人维勒用人工方法由无机物制成了有机物尿素，可是"生命力"论者还是不服输，说什么尿素是动物体内排泄出来的废物，所以才能制得，至于生物体本身的物质，没有"生命力"是不可能制成的。直到1848年，德国可尔培合成了醋酸，1854年法国柏脱勒合成了脂肪，1861 年，俄国布特列洛夫合成了糖类，特别是 1965 年我国用人工方法合成了结晶胰岛素———一种具有生命活力的蛋白质，这些人才哑口无言。

可是，怎样才能形成正确的概念呢？这既依赖于周密细致、反复多次的实验和观察，也仰仗于研究人员的德、识、才、学。错误概念之所以产生，或因试验次数太少而带片面性，或因过分强调某一次要因素而忽视主要因素，或因不能正确分析诸主要因素间之关系，或因科研人员囿于偏见而丧失客观态度，诸如此类，不胜枚举。只有经过充分的观察实验，并且客观地进行深入的思考，才能得到正确的概念。

"我用不着那个假设"

——各种各样的假设

从观察资料出发，经过整理和分析，便产生想象和概念。至此，思维就会超越已有的经验而向前推进，对所研究的问题可以提出初步的推断。由于这种推断尚未经过实践的考验，我们只能把它作为假设（或假说）提出来。如果以后的实践证明它是正确的，那它就由假设上升为定律、法则或理论；否则就需要采用逐步逼近法，提出第二次、第三次……假设，直到完全解决问题为止。

众所周知，物质是由原子构成的，但原子又是什么样子呢？谁也没有见过。1903 年，汤姆孙提出"面包夹葡萄干"的原子模型。他认为正电荷散布在整个原子中，就像葡萄干散布在整个面包中一样。可是这个假说经不起考验。英国人卢瑟福等人用 α 粒子冲击原子，发现有些 α 粒子不是沿直线前进而是偏转很大，有的甚至倒弹回来。在汤姆孙的

知识小卡片

汤姆孙（1856—1940），英国物理学家、电子的发现者。因通过气体电传导性的研究，测出电子的电荷与质量的比值，1906年获诺贝尔物理学奖。

知识小卡片

卢瑟福（1871—1937），英国著名物理学家。提出了原子结构的行星模型，为原子结构的研究作出很大的贡献。1908年获诺贝尔化学奖。

模型里，原子中没有这么大的障碍物足以使粒子发生如此显著的偏转。于是他不得不放弃汤姆孙假说，他想，一定是粒子碰到一团相当结实的物质而给弹回来了。这团物质后来就叫原子核。1912 年，卢瑟福终于提出了一个类似太阳系结构的原子模型：原子中央是一个重的带正电荷的原子核，电子绕核旋转，有如行星绕太阳转。这个假说已得到大家的承认。

另一种情况是，假说一个接着一个，但仍未解决问题。例如关于太阳系的起源问题，18 世纪康德–拉普拉斯提出的星云假说，1916 年左右秦斯的潮汐假说，列脱敦的双星假说，都因与后来的观察不合而失败。1944 年左右施米特的俘获假说虽能解释更多的现象，但也有一些困难而未被接受。

还有一些假说，长时间不知道它是对的还是错的，使人们陷于迷惘的窘境。例如，关于其他星球上有高级生物的假说，又如数学中的所谓"费马猜想"。费马曾肯定说：当整数 $n>2$ 时，方程式 $x^n+y^n=z^n$ 没有正整数解；就是说，没有一组正整数 x、y、z，能满足上面的方程式。费马在一本书的页边上写下这个"定理"，并且自豪地说："我得到了这个断语的惊人的证明，但这页边太窄，不容我把证明写出来。"他有过多的智慧，却缺少写下来的勤劳，结果便害得三百多年来许多人为之绞尽了脑汁，包括像欧勒这样的大数学家，到头来还是既不能肯定，又不能否定；直到 1993 年，英国怀尔斯宣告，他已获得肯定性的证明。

假说应该有一定的事实根据，否则便是无知或胡说的代名词，对科学极为有害。为什么木头能烧呢？因为它有"燃素"；为什么有些东西很冷呢？因为它有"冷素"；为什么橡皮能伸长呢？因为它有"弹性素"。这种"某某素"的假说，实是欺人之谈。历史上最大的假设是"上帝存在"。相传法国的拉普拉斯把他的著作《宇宙体系论》一书送给拿破仑，事前有人告诉拿破仑说这本书里根本没有提到上帝，于是拿破仑便对拉普拉斯说："你写了这样一部大著作，却从不提到世界体系的创造者。"拉普拉斯当即豪迈地回答道："我用不着那个假设。"

元素周期律的发现

——假设的检验

假设的正确性，只能在实践中去考验，它应能正确地解释已有的全部观察资料（内符），而且，更重要的，还要能预见将来，指导今后的实践（外推）。

列宁说："人的和人类的实践是认识的客观性的验证、准绳。"（《哲学笔记》）

恩格斯高度评价了元素周期律和海王星的发现，它们都是成功地分析和整理资料的典范，同时也是说明如何检验假设的很好的例子。海王星的发现，用的主要是演绎法，关于这个问题我们将在后面谈到。

1869 年以前，人们对化学元素如氢、氧、钾、镁等的性质，已经有了一定的认识，但这种认识是孤立的，只看到各元素的个性，至于诸元素之间的联系，则缺乏研究，更谈不到对未知元素的预测了。那时，每出现一种新元素，就像突然来了一位不速之客一样，完全出人意外。

俄国的门捷列夫等人发现周期律后，从根本上改变了这种情况。他把元素按照原子量的大小排成次序，随即发现每经过一定的间隔就有化学性质相似的元素出现，或者说，

知识小卡片

门捷列夫（1834—1907），俄国化学家、物理学家。发现并归纳元素周期律，依照原子量，制作出世界上第一张元素周期表，并据以预见了一些尚未发现的元素。其名著《化学原理》影响了一代又一代的化学家。

相同的性质随着元素原子量增大的次序周期性地出现。

这种排列是否真有客观的科学意义呢？元素性质的周期性是否具有价值呢？关于这点，门捷列夫曾说过：

> 确定一个定律的正确性，只有借助于由它推导所得的结论（当还没有这定律时，这些结论是不可能有的和不可设想的），以及这些结论在实际考验中的证实。

他说到做到，根据周期性，勇敢地预言一些当时尚未发现的元素的存在，并预言了它们的性质。这些预言后来都以惊人的准确度光辉地被证实了。例如1871年他预告有一种新的金属元素存在，它的原子量接近72，比重约5.5；果然，1886年人们发现了金属元素锗，原子量为72.6，比重为5.35。"千里好山云乍敛，一楼明月雨初晴。"人们对元素间的关系，从此有了较深刻的认识。

是什么引导着门捷列夫，使他作出了如此重大的发现呢？

关键是他的"识"。他深信在一切化学元素之间，一定存在着内部联系，就像开普勒坚信行星运动一定有规律一样。没有这种信念，是不可能坚持到底的。可是，应该根据什么线索才能找到这种关系呢？经过深思熟虑之后，他认为这应该是原子量。门捷列夫说：

> 人们不止一次问我，根据什么、由什么思想出发而发现了并肯定了周期律？让我尽力来答复一下吧！……当我在考虑物质的时候……总不能避开两个问题：多少物质和什么样的物质？就是说两种观念：物质的质量和化学性质。而化学这门研究物质的科学的历史，一定会引导人们——不管人们愿不愿意——不但要承认物质质量的永恒性，而且也要承认元素化学性质的永恒性。因此，自然而然就产生出这样的思想：在元素的质量和化学性质之间，一定存在

着某种的联系，物质的质量既然最后成为原子的形态，因此就应该找出元素特性和它的原子量之间的关系。而要寻找某种东西——不论是野薯也好，或是某种关系也好，除了看和试之外，再没有旁的方法了。于是我就开始来搜集，将元素的名字写在纸片上，记下它们的原子量和基本特性，把相似的元素和相近的原子量排列在一起……

他又说：

因此，一方面寻求元素的性质和其原子量之间的关系，而在另一方面寻求其相似点与原子量之间的关系，要算是最简捷和极自然的想法了。

光有正确的思想还不够，还需要正确的方法。门捷列夫的方法不同于前人，前人只追求把性质相似的元素归并在一起。这种分类法是静止的，只能对已知元素起整理归类作用，不能外推，不能预见新元素。而门捷列夫则把化学性不同、但原子量相近的元素排在比邻，从而使互不相似的元素能彼此联系起来。

勤奋是门捷列夫成功的必不可少的主要条件之一。当别人称誉他是天才时，他笑笑说："唔！天才就是这样，终生努力，便成天才。"他常接连几夜不眠地工作，只休息很少的时间。他写《有机化学》一书时，两个月内几乎没有离开书桌。

"宝剑锋从磨砺出，梅花香自苦寒来"，诚至言也！

海王星的发现

——谈演绎法

正确的假设组成公理、定律、法则、理论或学说。从它们出发，运用逻辑推理（包括数学计算），得出一批结论；然后又根据这些结论及原来的公理或新的公理，再运用逻辑推理，又得出一批结论；如此穷追下去，层层推理，往往可以得到许多比较深刻的结果。这种方法广泛地应用于天文、物理、数学及其他学科中，通常称之为演绎法。

许多人都为欧几里得几何学这座科学宫殿所感动，它是多么庄严、宏伟并且富于内部旋律啊！它的推理，明确而又严密；它的论断，深远而又清晰。然而，不管这座宫殿多么富丽堂皇，其结构却很单纯：全部结论都是从少数公理经过演绎而来的。

海王星的发现，是人类集体智慧的胜利，它显示了数学演绎法的强大威力。1781 年发现天王星后，人们注意到它的位置总是和根据万有引力定律计算出来的不符。于是有人怀疑引力定律的正确性；但也有人认为，这可能是受另一颗尚未发现的行星所吸引的结果。当时虽有不少人相信后一种假设，但都缺乏去寻找这颗未知行星的勇气，因为这是一件非常困难的工作。初生牛犊不畏虎，一位年方 23 岁的英国剑桥大学的学生亚当斯勇敢地承担了这项任务。他利用引力定律和对天王星的观察资料，反过来推算这颗未知行星的轨道。经过两年的努力，他终于在1843 年 10 月 21 日把计算结果寄给格林尼治天文台台长艾利。但艾利的保守思想非常严重，他不相信"小人物"的工作，把它扔到一边，置之不理。两年以后，幸亏法国也有一位青年勒威耶从事这一工作。1846年9月18日，他把结果告诉了柏林天文台助理员卡勒。23日晚，卡勒果然在勒威耶预言的位置上发现了海王星。"天公斗巧乃如此，令人一步千徘徊。"这一伟大胜利使那些最顽固的保守派也不得不相信日心说和万有引力定律。

演绎法的胜利不胜枚举，高斯算出谷神星的轨道，麦克斯韦预言电磁波以及狄拉克预言正电子的存在，等等，都在人们的记忆中留下了深刻的印象。

然而，不管推理如何严密，如果它的依据（公理）有问题，那么结论也不可靠。还是那位勒威耶，后来又发现水星的轨道与计算的也不一致。水星是已知的最靠近太阳的行星。勒威耶根据上次的经验，自然又假定还有一颗更接近太阳的行星。然而这次他完全失败了，这颗"行星"纯属子虚乌有，连影子都找不到。事情的确使人茫然不解，天文学界为此苦恼了五十多年，直到相对论发表后才搞清楚。原来万有引力定律只是近似正确的，越靠近太阳，准确性就越低，在计算水星轨道时，应做一些修正才能与观察符合。

物体下落、素数与哥德巴赫问题

——再谈演绎法

从上节可见：严密、准确、透彻的演绎思维往往可以导致惊人的结果。下面我们再举两个例子。

关于物体从高空下落的运动，亚里士多德曾断言："快慢与其重量成正比"；这就是说，重的要比轻的落得快些。这个错误的论断延续了 1800 多年，直到伽利略才得到纠正。伽利略认为：在真空中，轻、重物体应同时落地。他除了用实验来证明以外，还指出一个十分简单的推理证法，使反对者不得不尊重事实。设物体 A 比 B 重得多，按照亚里士多德的说法，A 应比 B 先落地。现在把 A 与 B 捆在一起成为物体 $A+B$。一方面，因 $A+B$ 比 A 重，它应比 A 先落地；另一方面，由于 A 比 B 落得快，B 应减慢 A 的下落速度，所以 $A+B$ 又应比 A 后落地，这样便得到了自相矛盾的结论：$A+B$ 既应比 A 先落地，又应比 A 后落地。既然这个矛盾来源于亚里士多德的论断，因此，这个论断是错误的。

请看，千多年的错误竟被如此简单的推理所揭露，我们不能不佩服伽利略的思想是何等尖锐、明确。

下一个例子同样闪耀着智慧的光辉，它是数学中一种证题方法的典范。

任何一个正整数，除了可以被 1 与它自己除尽外，如果不能被其他整数除尽，即不能分解因子，就称为素数。例如：2，3，5，7，11，13 等都是素数，而 4，6，8 等则不是（因为它们至少都可被 2 除尽）。

问题：一共有多少个素数？

欧几里得回答说：有无穷多个。他的证明很简单：如果说只有有限多个，那么，就可把它们统统写出来，记为 p_1、p_2、$\cdots$、p_n，此外，再没有更大的素数了。然而

$$p_1 \times p_2 \times \cdots \times p_n + 1$$

或者是一个素数，它显然比一切 p_1、p_2、$\cdots$、p_n 都大；或者它包含比它们都大的素数因子。不论哪种情况，总有更大的素数存在，这样便发生了矛盾。因此，只有有限多个素数的假设是错误的。这个证明再简单也没有了，在数学中叫作构造性证明。欧几里得的证法真是出奇制胜，一针见血，闪耀着智慧的光辉。你不是说素数全都在此，再也没有了吗？他却立即给你找出一个，使你张口结舌，无言以对。

关于素数还有不少有趣的难题，它们大都易懂而难证，其一就是哥德巴赫问题。容易想象，在一切整数中，素数该是最基本的了，因为其他整数可以分解为素数的乘积，例如：$6 = 2 \times 3$，$8 = 2 \times 2 \times 2$，

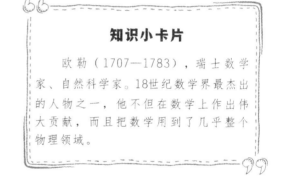

知识小卡片

欧拉（1707—1783），瑞士数学家、自然科学家。18世纪数学界最杰出的人物之一，他不但在数学上作出伟大贡献，而且把数学用到了几乎整个物理领域。

$9 = 3 \times 3$ 等。于是，1742 年德国人哥德巴赫在信中问欧拉："一切偶数能分解为两个素数的和吗？"（拿化学打比方，就相当于问：一切化合物能分解为两种元素的和吗？）此问题的数学提法是："对任一偶数 $2n$，n 为大于1的正整数，是否存在两个素数 p_1、p_2，使 $2n = p_1 + p_2$？"对于常见的偶数，答案是肯定的，例如：$6 = 3 + 3$，$8 = 3 + 5$，$\cdots$困难在于"一切"二字。这问题久悬未决已 230 多年。近年来我国数学家陈景润做出了成绩，把它的解决向前推进了一步。他证明了：大偶数都可表示为一个素数加不超过两个素数的乘积，简称为 1+2。这与最终的目标 1+1

（即 1 个素数加 1 个素数）虽仍有距离，但已是目前国际上关于此问题的最好结果了。

正确的思维可以导出深远的结果，但这并不等于说智慧是万能的。我们不能同意拉普拉斯的一段话，虽然他是当时最杰出的学者之一。1814 年，他在《概率论的哲学试验》一书中说：

> 智慧，如果能在某一瞬间知道鼓动着自然的一切力量，知道大自然所有组成部分的相对位置；再者，如果它是非常浩瀚，足以分析这些材料，并能把上至庞大的天体，下至微小的原子的所有运动都囊括于一个公式之中，那么，对于它就没有什么东西是不可靠的了，无论是将来或过去，在它面前都会昭然若揭。

这种超现实的万能的"智慧"，否定了物质的无限性，否定了物质运动的偶然性，不能是别的，只能是一种主观的幻想。

在一切天才身上，重要的是……

——爱因斯坦谈科学研究方法

爱因斯坦是历史上罕见的伟大的科学家，学习他的科研方法对后人无疑是很有益的。

屠格涅夫说：

> 在一切天才身上，重要的是我敢称之为自己的声音的一种东西……重要的是生动的、特殊的自己个人所有的音调，这些音调在其他人的喉咙里是发不出来的……一个有生命力的富有独创精神的才能卓越之士，他所具有的重要的、显著的特征也就在这里。

那么，爱因斯坦所有的"自己的声音"是什么呢？依我看来，这就是他多次反复谈到的需要建立新的思想体系。爱因斯坦的方法基本上是演绎法，而演绎法的依据是思想体系。他不太重视经验定律和归纳法，认为这样只能停留在经验科学的水平上。他说："适用于科学幼年时代以归纳为主的方法，正让位于探索性的演绎法。"（《爱因斯坦文集》，第一卷，商务印书馆1976年版。以下引文皆出于此书）

> 没有一种归纳法能够导致物理学的基本概念。对这个事实的不了解，铸成了19世纪多少研究者在哲学上的根本错误。

他认为：经验科学的发展过程就是不断归纳的过程；人们根据小范围内的观察，提出经验定律或经验公式，以为这样就能探究出普遍规律，其实这是不够的，这不能使理论获得重大的进展。那么应该怎样做呢？应该"由经验材料作为引导""提出一种思想体系，它一般是在逻辑上从少数几个所谓公理的基本假设建立起来的"。对这个体系的要求，应该是能把观察到的事实联结在一起，同时它还具有最大可能的简单性。所谓简单性是指"这体系所包含的彼此独立的假设或公理最少"。大家知道，相对论的公理只有两条，相对性原理（任何自然定律对于一切匀速直线运动的观测系统都有相同的形式）和光速不变原理（对于所有惯性系，光在真空里总以确定的速度传播）。

至于思想体系的内容，它应该由"概念、被认为对这些概念是有效的基本定律，以及用逻辑推理得到的结论这三者所构造的"。基本定律有时就指公理。

如何建立思想体系？爱因斯坦认为科学家的工作可分为两步，第一步是发现公理，第二步是从公理推出结论。哪一步更难些呢？他认为，如果科研人员在学生时代已经得到很好的基本理论、推理和数学的训练，那么他在第二步时，只要"相当勤奋和聪明，就一定能够成功"。至于第一步，即要找出作为演绎出发点的公理，则具有完全不同的性质，这里没有一般的方法，"科学家必须在庞杂的经验事实中间抓住某些可用精密公式来表示的普遍特性，由此探求自然界的普遍原理"。其实，善于抓住公理，除了研究人员的远见卓识、革新精神和非凡的科学洞察力外，他还必须站在历史的转折点上。"时势造英雄"，让历史为他提供条件和选择，时机未成熟，是不可能的，正如牛顿不可能抓住光速不变原理一样。如果公理选择得当，推理就会一个接一个，其中一些是事先难以预料的。牛顿力学、相对论、普朗克的量子论都是光辉的榜样。

爱因斯坦富于革新精神，这表现在他对一些人们认为不证自明的概念如"同时性""质量"等的重新考虑上。在他看来，许多所谓常识的东西其实无非是幼年时代被前人灌输在心中的一堆成见，这堆成见是需要重新审核的。它们很可能是由于我们只处于宇宙一个局部领域而见到的特殊现象，并不是宇宙的一般规律。例如，物体运动时长度似乎不变只是低速世界的特殊现象，长度随着速度而变化才是宇宙的一般规律。

爱因斯坦多次强调客观规律的存在及其可知性，所以他基本上是一位自然科学的唯物论者。他说：

> 要是不相信我们的理论构造能掌握实在，要是不相信我们世界的内在和谐，那就不可能有科学。
>
> 相信世界上在本质上是有秩序的和可认识的这一信念，是一切科学工作的基础。

通过爱因斯坦对一些科学家的评价，可见他很重视下述几种才能：

（1）想象力　爱因斯坦的方法既然主要是演绎的，所以他特别强调思维的作用，尤其是想象力的作用。他认为科学家在探讨自然的秘密时，"多少有一点像一个人在猜一个设计得很巧妙的字谜时的那种自由"，他需要极大的想象力。不过"他固然可以猜想以无论什么字作为谜底，但是只有一个字才真正完全解决这个谜"。同样，自然界的问题也只有一个答案，所以最后还是应该受实践的检验。在谈到想象的重要性时，他说：

> 想象力比知识更重要，因为知识是有限的，而想象力概括着世界上的一切，推动着进步，并且是知识进化的源泉。严格地说，想象力是科学研究中的实在因素。

想象力之对于科学，其重要性不下于它之对于文学。文章如无想象，就会成为一潭死水式的帮八股。同样，科学如无想象，就很可能停留在一些皮表的、抓不住本质的经验公式上。不过二者之间也有不同，科学中的想象最后要受到实践的毫不留情的检验，而文学创作中的想象虽然也应反映客观实际，却比较灵活。例如，小说中某角色的结局不必是唯一的。

（2）直觉的理解力

爱因斯坦赞扬玻尔说："很少有谁对隐秘的事物具有这样一种直觉的理解力，同时又兼有这样强有力的批判能力。"评论埃伦菲斯特时说："他具有充分发展了的非凡的能力，去掌握理论观念的本

> **知识小卡片**
>
> 玻尔（1885—1962），丹麦物理学家，1922年获得诺贝尔物理学奖。玻尔通过引入量子化条件，提出了玻尔模型来解释氢原子光谱；提出互补原理和哥本哈根诠释来解释量子力学，他还是哥本哈根学派的创始人，对二十世纪物理学的发展有深远的影响。

质，剥掉理论的数学外衣，直到清楚地显露出简单的基本观念。这种能力使他成为无与伦比的教师。"

（3）数学才能　这是演绎法所必不可少的。爱因斯坦在谈到牛顿时说："他（牛顿）不仅作为某些关键性方法的发明者来说是杰出的，而且在善于运用他那时的经验材料上也是独特的，同时他对于数学和物理学的详细证明方法有惊人的创造才能。"爱因斯坦本人的数学已经是很好的了，但他说："我总是为同样的数学困难所阻。"由于研究的需要，他专门请了一个很强的年轻的数学助手。

以上的几种才能是关于思维方面的，而关于科学实验方面都没有提及，这不必惊异，因为爱因斯坦本人主要注意演绎法。由于时代的限制，他的方法论并不是完全无可非议，例如对归纳法的轻视，强调"自由创造"等。但每个人都不可能十全十美，不能要求他成为完人。

电缆、青年与老年人的创造

——定性与定量

太阳绕地球转还是地球绕太阳转？光传播要不要时间？这一类问题涉及定性；求出地球绕太阳运行的轨道，测得光的速度，这些是定量问题。一般地，研究性质的属于定性，求出数量关系的属于定量。定性是定量的基础，定量是定性的精化。定性决定一个塑像的身段轮廓，而定量则规定身段各部分的尺寸。因此，二者是相互补充的。定性可以影响人们对问题的认识和观点，但要对实践起到具体的指导作用，则有待于做定量的研究。

在设计如何安装第一条大西洋电报电缆时，青年工程师汤姆孙曾进行定量研究，做了许多精确的电学测量，并在此基础上提出了很好的建议。然而他的建议被抹煞了，因为当时的权威不能理解他所提建议的基本原理。直到原计划屡遭失败，人们才认真考虑他的见解，采纳了他的建议后，安装工程于 1858 年终于胜利完成。"莫悲先哲骑鹤去，天降人材意不休。"汤姆孙可算得是后起之秀了。

顺便谈谈，年轻人的发明创造易被名流学者所否定，而且创造性越大，否定的可能性也越大。又如法国 17 岁的数学家伽罗瓦，由于研究高次代数方程的代数解法而在群论方面做出了开创性的工作，他把结果写成论文送交法兰西科学院审查，审稿人是普阿松与柯西两位大师。由于不够重视，原稿被柯西丢失。1829 年，伽罗瓦重写了一次，不幸又遗失了。1831 年，伽罗瓦第三次要求审查，4 个月后，普阿松的审查意见是："完全不能理解。"直到伽罗瓦死后 14 年，他的创造才逐渐为人们所认识。另一个故事同样发人深省：门捷列夫发现元素周期律的前三年，即 1866 年，在英国化学学会上，青年化学家纽兰兹将元素按原子量增加的次序排列，并指出每隔 8 个元素就有相同的物理、化学性质重复出现时，引起了哄堂大笑。有人讽刺地说："你怎么不按元素的字母排列呢？那时也许会得到相同的结果。"就这样，他研究的成果被粗暴地否定了。这些事例告诉我们，对待年轻人的发现、发明和创造，必须慎重对待，不要因为自己暂时不能理解就轻易否定。"落红不是无情物，化作春泥更护花。"应该持这种爱护的态度。

历史上许多天才早熟，如唐朝著名诗人李贺，7 岁能文，他在短短一生中（只活了 27 年），写出了相当多的富有艺术特色的诗歌；明末的夏完淳，12 岁时已"博极群书，为文千言立就，如风发泉涌"，他为国牺牲、慷慨就义时才 17 岁。又如莫扎特 4 岁开始作曲，10 岁写歌剧《简单的伪装》；雨果 15 岁写悲剧《厄拉曼》；巴斯卡 16 岁发表有关圆锥曲线的论文；牛顿 21 岁发现二项定理，23 岁发明微积分，25 岁发现万有引力定律；爱因斯坦 26 岁时建立狭义相对论。

刚才讲的是青年人的故事；老一辈科学家也可以做出很好的工作，特别是他们治学的认真态度和渊博学识，值得尊重和学习。进化论奠基人达尔文 60 岁以后，写了《人和动物的感情表达》《论食虫植物》等许多重要著作，其中《植物运动能力》《蚯蚓作用下腐殖土的形成》是在 70 岁以后完成的。德国的洪保德是卓越的自然科学家，在植物地理学、地球物理学、水文学方面都有贡献，约在 75 岁，他正式动笔写作《宇宙》，这是他最重要的著作。此外，法国的让·佩兰 56 岁确定阿伏伽德罗常数，德国伦琴 50 岁发现 X 射线，英国布雷格 53 岁提出布雷格定律，荷兰奥勒斯 55 岁发现低温超导体：这四人都因此而分别获得诺贝尔奖。

著名黑人作家杜波依斯，为黑人的解放运动做出了贡献，他的作品很多，直到 1955 年，他已达 87 岁的高龄了，还开始写另一部长篇小说《黑色的火焰》三部曲，并且于 1961 年即他 93 岁时全部完成。曹操说："老骥伏枥，志在千里；烈士暮年，壮心不已。"这真是：莫道彩笔随老去，佳作偏映夕阳红。

回到正题上来。关于定量问题，汤姆孙说：

> 我常讲，当你能把所研究的东西测量出来并用数学来表示时，那么你对这个东西已有所认识。但是如果不能用数学来表示，那么你的认识是不够的，不能令人满意的，可能只是初步的认识，在你的思想上，还没有上升到科学的阶段，不论你讲的是什么。

这一段话表明了他对定量研究的重视。

自然界有一些物理量，目前还不能很好地理解：为什么光速恰好约为每秒 30 万公里？为什么普朗克常数 h 等于 6.626176×10^{-27} 尔格·秒？为什么不能更多或更少？

门捷列夫耗费了大量的精力和时间来计算实验数据，他所列举的每个数字，都经过多次检查，直到坚信它确实可靠才肯发表。他从数学老师奥斯特罗格拉斯基那里学到的数学知识，对他的化学计算帮助很大。

许多第一流的科学工作者都有很高的数学素养。数学成了他们强大的武器，使他们终生受益。在近代的自然科学中，数学是必不可少的。当人们把实际问题化为数学问题后，数学就会引导他们走得很远，并且往往可以帮助他们找到解答。

数学是我国人民擅长的科学，在数学的发展中，我国的贡献很多，这里不能列举，只介绍一种有趣的图形——河图洛书纵横图。神话中传说，夏禹治水时，洛水里出现了一只大乌龟，它背上有一张图，用数字表示，就是右面的图。把 1 至 9 的整

4	9	2
3	5	7
8	1	6

数如图填在方格里，使每一行、每一列、每一对角线上三个数字的和都等于15。人们也许以为，这只是一种巧妙的数学游戏，不料电子计算机出现后，它却获得了新的应用。目前，它在程序设计、组合分析、实验设计、人工智能、图论、博弈论等方面都受到重视。

华山游记与镭的发现

——坚持、再坚持

在科研的过程中，特别是在酝酿如何提出假设或想证明假设时，往往会遇到很大困难，不容易深入下去。这时，我们必须牢牢记住马克思的话，坚持！坚持！再坚持！

马克思在《资本论》中说：

> 在科学上没有平坦的大道，只有不畏劳苦沿着陡峭山路攀登的人，才有希望达到光辉的顶点。

宋朝王安石写了一篇华山游记，讲到华山有一个洞，很深，又黑又冷，"入之愈深，其进愈难，而其见愈奇"。他们终于怕有进无出而不敢游到底。王安石很后悔地说：

> 世之奇伟瑰怪非常之观，常在于险远，而人之所罕至焉，故非有志者不能至也。

进而不难则常见，常见则无奇，因此，要奇，就必须克服巨大的困难。

据说有这样一个故事：弗兰克曾对爱因斯坦说：有一位物理学家因坚持研究一些非常困难的问题而成绩不大，却发现了许多新问题。爱因斯坦感叹地说：

> 我尊敬这种人。我不能容忍这样的科学家，他拿出一块木板来，寻找最薄的地方，然后在容易钻透的地方钻许多孔。

爱因斯坦不能容忍的这种科学家确实存在，他们或短于见识，或急于名利，或迫于应付，匆匆忙忙地"钻了许多孔"，数量可观，但质量不高。既无实用价值，又未解决重大理论问题，忙忙碌碌，他们的论文，仍逃不出抛进废纸篓的命运。

科研人员必须有与人斗、与天斗的大无畏精神。既要像布鲁诺那样与黑暗势力斗，又要与种种困难斗。

"锲而舍之，朽木不折；锲而不舍，金石可镂。"不打持久的艰苦战，绝不可能获得重大的成就。大发现大发明，都是长期艰苦劳动的产物，是汗水的结晶。《老子》说："合抱之木，生于毫末。九层之台，起于累土。千里之行，始于足下。"这些譬喻，都生动地说明了持久战的重要意义。

镭的发现，也是一个富有教育意义的故事。1903 年，鲁迅在《说钋》一文中曾谈到此事。钋就是镭。他说：

> 自 X 线之研究，而得钋线；由钋线之研究，而生电子说。由是而关于物质之观念，倏一震动，生大变象。最人涅伏，吐故纳新，败果既落，新葩欲吐，虽曰古篱夫人之伟功，而终当脱冠以谢十九世末之 X 线发见者林达根氏。（《鲁迅全集》第 7 卷，人民文学出版社 1973 年版，第 392 页）

古篱夫人即居里夫人，林达根今译为伦琴，德国人。

为了研究放射性元素，居里及其夫人数年如一日，百折不挠，坚持

129

不懈地进行着繁重的工作，"衣带渐宽终不悔，为伊消得人憔悴"。他们1公斤1公斤地炼制铀沥青矿的残渣，从数吨铀矿残余物中提炼出只有几厘克的纯镭的氯化物。他们工作的条件非常艰苦，奥斯特瓦尔德参观了他们的实

知识小卡片

伦琴（1845—1923），德国物理学家。1895年11月8日发现了X射线，为开创医疗影像技术铺平了道路，1901年被授予首次诺贝尔物理学奖。这一发现不仅对医学诊断有重大影响，还直接影响了20世纪许多重大科学发现。

验室后说："看那景象，竟是一所既类似马厩，又宛若马铃薯窖的屋子，十分简陋。"他们在困难条件下艰苦奋斗，终于成绩卓著，不能不令人肃然起敬。

攀登有心唯久锲，攻关无前在熟谋。有志者事竟成，确是如此！

胸中灵气欲成云

——智力的超限

我们常常在文艺作品中看到这样的"体力超限"的描写：某人平日跳不过 1.5 米的高度，然而，有一天，由于某种高尚思想所激励，奇迹出现了，他竟然跳过了 1.6 米，实现了超限。事情过后，他自己也很吃惊，简

知识小卡片

高斯（1777—1855），德国著名数学家，近代数学奠基者之一。发现了质数分布定理、正态分布曲线和最小二乘法，一生成就极为丰硕，以其名字"高斯"命名的成果达110个，享有"数学王子"的美誉，和阿基米德、牛顿、欧拉并列为世界四大数学家。

直不能相信这是自己的成绩，他再也不能跳这么高了！这里说的是"体力超限"。可惜的是，很少看到关于"智力超限"的描写。其实，在科学研究中，也常有这样的奇迹。并非夸张地说，不经过这样的超限，是很难取得重大突破的。数学家高斯说，有一条定理的证明折磨了他两年，忽然在一刹那像闪电般想出来了。

这是怎么回事呢？某人长时期攻研某一问题，不舍昼夜，苦心地琢磨着，挥之不去，驱之不散，才下眉头，又上心头，他的思想白热化了，处于高度的受激状态。忽然在某一刹那，或由于某一思路的接通，或由于外界的启发，他的思维，就像电子由低能态跃迁到高能态一样，也由常态飞跃到高级的受激态。"欲穷大地三千界，须上高峰八百盘。"

这时的他已非平日的他，他超越了自己，超越了他平均的智力水平，完成了智力的超限。他的新思想如泉涌，如水注，头脑非常敏锐，想象力十分活跃，"思风发于胸臆，言泉流于唇齿"，从而问题迎刃而解了。等过一段时间再回头看时，他简直为当时自己所曾登上的高度而震惊，他说不出为什么那时能想出这么巧妙的东西来，他甚至不敢相信这是自己的创作了。要想再达到那时的高度，竟是非常困难的事，因为他已恢复常态，不是那时候的他了。在这个问题的智力上，现在的他，要比那时的他矮小得多，除非他再经过很长时间的努力，再来一个超限。可惜的是，这种境界，在人的短暂一生中，难得出现几次。能不能让它多出现一些呢？除了坚持不懈长时间地努力外，恐怕没有其他方法。

苯与金圣叹的观点

——谈启发与灵感

某个问题，研究它已经很久了，但还是一团迷雾，没有找到主要线索。我们成天冥思苦想，运思如转轴，格格闻其声，然而，"上穷碧落下黄泉，两处茫茫皆不见"。有一天，忽然由于旁人一句话，一篇文章，或者由于触景生情，终于受到启发，灵机一动，顿时大彻大悟，一通百通，问题便迎刃而解了。真正是："忽如一夜春风来，千树万树梨花开。"这种情况的确不少，相传阿基米德在澡盆里悟出判定王冠中黄金成分的办法，虽然未必是信史，但的确是可以理解的。

100 多年前，人们已认识到碳原子是四价的，但碳原子相互间如何结合，还不清楚。德国化学家凯库勒正在苦苦思考这个问题，"一夜腊寒随漏尽，十分春色破朝来"，一天晚上他乘车回家，忽然思如潮涌，顿时猜出了碳链结合的秘密。1865 年，他又在马车上领悟到众人百思莫解的有机化合物苯分子 C_6H_6 的环状结构，如右图所示。

怎样解释这种"灵机一动，计上心来"呢？长时间思考一个问题，大脑中便会建立起许多暂时的联系，架起许多临时"电线"，把所有有关的信息保存着，联系着。同时，大脑还把过去有关的全部知识紧急动员起来，使思维处于一触即发的关头。一旦得到启发，就像打开电钮一样，全部线路突然贯通，立即大放光明，问题马上解决了。因此，所谓灵感，并不是什么神秘的东西，而是经过长时间的实践与思考之后，思想处于高度集中化与紧张化，对所考虑的问题已基本成熟而又未最后成熟，一旦受到某种启发而融会贯通时所产生的新思想。

许多事例证明：灵感大多是在思维长期紧张而暂时松弛时得到的，或在临睡前，或在起床后，或在散步、交谈、乘车时。门捷列夫说过，他接连几天考虑如何把元素排列好，最后是在梦中完成的。这些是因为：紧张的思考使思维高度集中在一点上，对单点深入很有效，但对全面贯通则少功；而暂时的松弛则有利于消化、利用和沟通已得到的全部资料，有利于冷静回味以往的得失和忽略掉的线索，有利于恢复大脑的疲劳，并使它再次高度兴奋起来重新投入战斗。

文武之道，一张一弛。以张为主，辅之以弛。只有在长期劳动和思维之后，才能接受启发，产生灵感。这里没有半点的侥幸，需要的是老实、勤劳的态度。袁枚有一首谈灵感的诗：

但肯寻诗便有诗，灵犀一点是吾师。
夕阳芳草寻常物，解用都为绝妙词。

他是主张作诗需要灵感的。但那灵感不是天上飞来，而是长期寻诗的结果，因此，重点在"肯寻"二字。音乐家柴可夫斯基说：

灵感全然不是漂亮地挥着手，而是如犍牛般竭尽全力工作时的心理状态。

一旦有了新思想，就要立时紧紧抓住，否则便有丢失的危险。苏轼说："作诗火急追亡逋，情景一失永难摹。"

郑板桥也说："偶然得句，未及写出，旋又失去，虽百思之不能续也。"这些都是切身经验之谈。

灵感不是与实践无关的、飘忽不定的神奇怪物。清朝卓越的文学批评家金圣叹在评论《西厢记》时所发表的对灵感的解释，是一段绝妙的文字。他说：

> 文章最妙是此一刻被灵眼觑见，便于此一刻放灵手捉住，盖于略前一刻亦不见，略后一刻便亦不见，恰恰不知何故，却于此一刻忽然觑见，若不捉住，便更寻不出。今《西厢记》若干文字，皆是作者于不知何一刻中，灵眼忽然觑见，便疾捉住，因而直传到如今。细思万千年以来，知他有何限妙文，已被觑见，却不曾捉得住，遂总付之泥牛入海，永无消息。

这双"灵眼"，不是神乎其神的稀奇宝贝，而是长期实践，刻苦锻炼的产物。

灵感的反面是思想的惰性。过久地、毫无进展地思考同一问题，往往会不自觉地老走同一条路，原地徘徊，跳不出老圈子，辛辛苦苦地浪费精力和时间而不能自拔。长久下去，会引起思路闭塞和智力枯竭。扭转的办法是把问题暂时放一放，或者换一个题目，或者阅读一些新书报，或者深入实际去收集新资料，或者调换环境，休息一下脑子，或者和朋友交换意见。然后再把问题的全过程和有关线索细细回想几遍，并努力把它们串联起来。这样做有利于新思想的出现。

征服骡马绝症及其他

——循序渐进与出奇制胜

不少伟大的、划时代的科学发现，往往都不是按旧的思想体系，以一般的逻辑推理方法所获得的，需要的是出奇制胜的高招，特别是当我们工作已久，各种方法都一一试过而仍无希望时，更需打破常规，另创新格。"出奇制胜"，不是思想连续性的产物，它需要间断，需要飞跃，需要思维的质变。

出奇制胜，在战争中尤其重要。《孙子兵法·势篇》中说：

> 凡战者，以正合（以正兵当敌），以奇胜（以奇兵取胜）。故善出奇者，无穷如天地，不竭如江河。

物理学家福克说："伟大的以及不仅是伟大的发现，都不是按逻辑的法则发现的，而都是由猜测得来；换句话说，大都是凭创造性的直觉得来的。""不是按逻辑"，如果理解为"不是按旧的思想体系的逻辑"，那么是有道理的；但"是由猜测"，则说得不全面。有主观的随意的猜测，有建立在一定事实根据上的客观假设。因此，笼统地说猜测是不确切的。

知识小卡片

福克（1898 —1974），苏联物理学家，对量子力学和量子电动力学做出了奠基性的工作。

有一些出奇制胜的新观念，甚至连作者本人当时都不能很好理解它的意义。例如麦克斯韦的电磁场论，它实际上并非以力学为基础，但他自己却坚持力学观念。后来，只有洛伦兹才清楚地阐明了麦克斯韦方程的物理意义，

> ## 知识小卡片
>
> 洛伦兹（1853—1928），荷兰物理学家、数学家，经典电子论的创立者。他填补了经典电磁场理论与相对论之间的鸿沟，是经典物理和近代物理间的一位承上启下式的科学巨擘，是第一代理论物理学家的领袖。他与彼得·塞曼共同获得1902年度诺贝尔物理学奖。

即电磁场本身就是物质的，可以在空间存在，不需要特殊的负荷者。此外，又如普朗克起初也不能很好理解他自己所首创的量子论的重要意义。

这种情况无须深怪。譬如走路，如果走的是康庄大道，见到的自然是司空见惯的东西，毫不意外；但如攀登珠穆朗玛峰，那就是另一回事了，许多新奇的事物铺天盖地而来，愈见愈奇，这些从未见闻过的东西，怎能一下子就理解呢？

可是，为什么有些人又特别强调学习要"循序渐进"呢？"循序渐进"与"出奇制胜"有没有矛盾？

学习是需要循序渐进的，对新手更应如此。不然，就不能练就基本功，就不能受到严格的训练。可是，学习是一回事，上战场是另一回事。上战场时，就得临机应变，不能拘于一格。譬如演戏，有的演员有深切体会：演戏之前，自然要先认真排练，为自己表演设计好一个理想的范本，不能依靠天马行空的即兴；但是到了红氍毹上，又不能全然受范本的拘束，才能潇洒豁达，感情流露。没有平日的循序渐进（渐变），就不会有临阵的出奇制胜（突变）；不出奇制胜，就很可能没有重大的贡献。

以上是从学习的角度看问题，再来考察一下学科的发展情况。正如

唯物辩证法所指出的，事物的发展由渐变与突变组成，学科发展当然也不例外。人们在原有的理论框架中，运用逻辑推理，循序渐进地获得一些新结果，这种进展大都是缓慢的，步子不会很大。但到一定时候，资料积累得充分丰富时，就可能发生出奇制胜的突变或飞跃。这种突变的完成，需要克服种种旧的成见，建立新的理论框架，需要提出全新的概念，需要极大的创造性。这就是出奇制胜。

量子力学创始人之一狄拉克于 1972 年在《物理学家自然概念的发展》一文中说：

> 在回顾物理学的发展时，我们看到，物理学的发展可以描绘为一个由许多小的进展所组成的相当稳定的发展过程，再叠加上几个巨大的飞跃。当然，正是这些大飞跃构成了物理学发展中最有意义的特征。作为背景的稳定发展大都是逻辑性的；这时人们得出的一些思想都是按照标准的方法从以往的结果推导出来的。但是一旦有一个大飞跃时，这就意味着必须引入某种全新的观念。

然后他指出：相对论、量子论等学说的出现，正是克服了一些旧的成见如"同时性""绝对时间""超距作用"等以后才完成的。

再讲一个为生产服务的出奇制胜的科研故事。结症是马骡的常见病，马骡得此病后，往往继发其他疾病，引起全身症状而死亡。解放军某部的兽医查阅了很多资料，访问了很多人，虽然提高了认识，但未很好解决问题，后来却从一件表面上看来毫不相干的事情上得到启发。我们紧握一个鸡蛋，使了很大劲，鸡蛋仍旧安然无恙；但如果突然击它一下，它就会马上破裂。治疗结症的关键，在于又快又干净地排除肠管中的结粪。兽医李留栓等人由鸡蛋而想到出奇制胜的"捶结术"，一只手伸入肠管按住结粪，固定在马的腹腔壁内，另一只手在腹腔外用力捶击，将结粪击碎。为了使手通过马骡离肛门一尺二寸（1 寸等于 0.0333

米）处的一段较细的、向下的直肠，而不伤害牲口，他们让病马始终站立，根据马的排粪反射和患马的病理变化情况，采取了手摆肠管，胳膊按压肛门边缘，刺激病马引起排粪反应，使肠管自动套到手上，让手主动通过那段细直肠。几年中他们用这个方法治疗了两千多匹病马，没有一匹马死亡。

直接向自然界学习，有时对新思想的形成很有帮助。大自然是我们最好和最有才干的老师。车轮是一项伟大的发明，很可能是由于人们看到树干、果实或圆形卵石的滚动而想到的。威耳孙看到太阳照耀在山顶云层上所产生的光环，受到启发后制成了云雾室——一种研究放射性物质的仪器。1932 年，美国的安德森利用这种仪器发现了正电子。近年来发展迅速的仿生学，是专门研究生物机能及其应用的学问的。

科学、文学、艺术的发明创造中，有许多共同的思想方法，向大自然学习就是其中之一。孟德斯鸠在《波斯人信札》中说：

> 勇于求知的人决不至于空闲无事……我以观察为生，白天所见、所闻、所注意的一切，晚上一一记录下来，什么都引起我的兴趣，什么都使我惊讶。

宋朝张择端画的《清明上河图》，就是向大自然、向社会学习的杰作。北宋李公麟擅长画马，"每欲画，必观群马，以尽其志"。清朝画家石涛题《黄山图》一开头就说，"黄山是我师，我是黄山友"；他的印章上刻着"搜尽奇峰打草稿"。近代著名画家徐悲鸿很推崇"外师造化，中得心源"的创作方法。这就是说，要以大自然为师，从而得到感受和启发。"用笔不灵看燕舞，行文无序赏花开"，从向大自然学习的观点看来，还是有几分道理的。但这必然建立在实践的基础上，对问题已有相当时间的钻研，才能由观察自然而有所悟。

能创造比人更聪明的机器吗

——逻辑思维与科学幻想

经过实践证实的假设就成为理论、公理或定律。人们从公理出发，利用逻辑推理，就可得出第一批新的结论，然后又根据这些结论及原来的公理或新的公理，又可推出第二批结论。如是层层推理，这就是人们的逻辑思维过程。逻辑思维与文学中的形象思维有所不同，后者主要依靠典型的艺术形象，前者则主要是依靠公理、概念、定理来思维的。一个极其光辉的逻辑思维的例子是欧几里得几何学。爱因斯坦说：

> 世界第一次目睹了一个逻辑体系的奇迹，这个逻辑体系如此精密地一步一步推进，以致它的每一个命题都是绝对不容置疑的——我这里说的是欧几里得几何。推理的这种可赞叹的胜利，使人类理智获得了为取得以后的成就所必需的信心。如果欧几里得未能激起你少年时代的热情，那么你就不是一个天生的科学思想家。

列夫·托尔斯泰在他的名著《战争与和平》中也讲到学几何的故事：老亲王包尔康斯基热心于教女儿玛利亚学几何学，每次都吓得她心惊胆战，他走到女儿身旁坐下说："小姐，数学是一门庄严的功课，它会把你脑子里的无聊念头赶出去。"这位老亲王不懂得教学方法是无疑的了，但他能欣赏数学的"庄严"。这庄严，就是几何学中逻辑思维的严密性。

　　虽然如此，逻辑思维还只是全部思维的一方面，另一方面，有时甚至是更重要的一方面，是科学幻想。千里眼、顺风耳、腾云驾雾早已成为现实。罗巴切夫斯基几何起初被称为幻想几何，后来却被证实为很重要的一种非欧几何。科学幻想虽然大大超越了它的时代，超越了现实的条件，略去了许多中间的推理步骤，却提出了最终的奋斗目标，因而往往能推动科学的跃进。对科学如此，对文学也如此。高尔基说："如果没有虚构，艺术性是不可能有的，不存在的。"车尔尼雪夫斯基也说："诗情中的主要东西，是所谓创作幻想。"

　　科学幻想常被戴上唯心主义的帽子，或者被各种所谓的"极限论"所扼杀。但历史证明，错误的正是极限论者自己。孔德就是一个例子。又如1964年，巴黎大学教授俄歇提出了四个极限：一为观察的极限，即观察的范围不能超过100亿或150亿光年；二为旅行的极限，人类不能访问其他的行星系；三为能量的极限，不能达到极强的宇宙线的天然能量（10^{18}电子伏）；四为人类的思维能力是有限的。其中第一个极限已快超过了，第四个是不可知论的翻版，第二、三个混淆了人类"今日做不到"和"永远做不到"的界限，它们迟早会被事实所推翻。

　　"人能创造比人更聪明的机器吗？"这是一个引起了广泛争论的问题，看来还将争论下去。我们认为没有必要为人类的创造能力划一界限。理由是：第一，人不是超自然的，他也是生物进化长河中一定阶段的产物，而不是进化的终点。将来，即使在无人干预的情况下，也一定会出现更高级、更聪明的人。历史也证明了这一点，猿人比类人猿聪明，现代人又比猿人更聪明，为什么将来的人不会比今天的人更聪明呢？第二，当人类自觉地引用生物的方法参与到人的进化中来，就可能大大缩短进化的过程。因此，出现比今天的人更高级的"人"，乃是必然的趋势。当然，所谓"机器"当作广义的理解，如果只限于用钢铁等无机物做成的机器，那当然是无望的。生命是高级的运动形式，不能用低级运动形式来代替。

放射性、青霉素及其他

——谈偶然发现

在长期的科学实践中，有时会得到一些偶然的发现。说是偶然，其实并不神秘，当人们对所研究的对象还认识不清而又不断和它打交道时，就可能发现一些出乎意料的新东西。

对待偶然发现，一是不要轻易放过，二是要弄清它的原因。

有些偶然发现，正因为它不在预料之中，正因为不属于旧的思想体系，正因为另树一帜，所以往往可以成为研究的新起点，为科学宝库增光添彩。

1820年哥本哈根的奥斯特偶然发现：通有电流的导线周围的磁针，会受到力的作用而偏转。这一发现说明电流会产生磁场；电学和磁学从此结合起来了。

为了研究胰的消化功能，明可夫斯基给狗做了胰切除术。这只狗的尿引来了许多苍蝇，对尿进行分析后，发现尿中有糖，于是领悟到胰和糖尿病有密切关系。

20世纪初，美国墨西哥湾的海面上忽然出现了一种稀奇的现象：海水上漂浮着一层油花，在太阳光下闪闪发光。原来在海底下储藏着丰富的石油。美国不久就在墨西哥湾建立起世界第一口海上油井，成了海底采油的先行者。

天然放射性的发现带有更大的传奇性。1895年，伦琴偶然在阴极射线放电管附近放了一包密封在黑纸里的、未曾显影的照相底片，当他把底片显影时，发觉它已走光了。对于一个漫不经心的人，那就会说："这次走光了，下次放远一些就得啦！"伦琴却采取了认真的态度，没有放过这一线索。他认为，这一定有某种射线在起作用，并给它取了一个名字叫X射

> ### 知识小卡片
>
> 彭加勒（1854—1912），法国数学家、天体力学家、数学物理学家、科学哲学家。在数学方面的杰出成就对20世纪和当今的数学造成极其深远的影响，他在天体力学方面的研究是牛顿之后的一座里程碑，他因为对电子理论的研究被公认为相对论的理论先驱。

线。这个怪名称表示他对这种射线还很不了解。不过他指出：X射线是从管中有黄绿色磷光的一端产生出来的。根据这点，彭加勒猜想：所有发强烈磷光的物体都能发射X射线。1896年，法国贝克勒尔想起了彭加勒的假设，便拿来一种能在太阳光下发磷光的物质硫酸钾铀，把它和底片一起放在暗箱里。几天以后，他发觉完全不见光的硫酸钾铀也会作用于底片。然而，这种物质在暗箱里是不会发磷光的，可见彭加勒的假设是错误的，X射线与磷光毫无关系。后来又经过多次试验，才得到正确结论：X射线原来是硫酸钾铀中的一种元素铀放射出来的。其后，居里夫妇又从含铀的沥青矿残余物中提炼出放射性很强的镭。这一段历史的确离奇：没有彭加勒的错误猜想，贝克勒尔就不会想到发磷光的物质；发磷光的物质很多，如果不是碰巧选中含磷铀的硫酸钾铀，那么原子能的发现也许还要推后好些年。

1942年英德空战激烈，为了观察入侵的敌机，英国普遍建立了雷达观察站。但雷达信号常被一些莫名其妙的电噪声所干扰，特别是早晨更加厉害。此外，美国工程师卡尔·詹斯基在检查越过大西洋电话通信的静电干扰时，也注意到有一种特殊的弱噪声。这些发现引导人们去研究它们的起源，结果得知干扰雷达信号的电噪声来自太阳，并且还发现，不仅太阳能够发射宽频带的电磁波，而且星云间也能发射。例如产

生上述弱噪声的，就是距离地球26000光年的银河系中心。这方面的进一步研究奠定了今天的射电天文学的基础。这个故事说明了追究偶然发现的起因可能导致重要发现。

大约1780年，意大利人伽伐尼偶然发现蛙腿在发电机放电的作用下会收缩。6年后他又发现：如果把青蛙腰部的神经挂在黄铜钩子上，钩的另一端挂在铁栏上，那么当铁筷每次跟蛙脚和铁栏接触时，蛙腿也会收缩。他把这种效应归结为动物电，正确解释了他的发现是发电的结果；他却错误地以为蛙腿会由于某种生理过程而产生电荷。伽伐尼事实上已发现了电流，但不认识它。需要同国人伏打的思想，才能说明他究竟做了些什么。1795年，伏打指出：不用动物也能发电，只要把两块不同的金属放在一起，中间隔一种液体或湿布就行。据此伏打发明了电池，开创了化学电源的方向。

青霉素的发现也是一个有益的故事。英国圣玛利学院的细菌学讲师弗来明早就希望发明一种有效的杀菌药物。1928年，当他正研究毒性很大的葡萄球菌时，忽然发现原来生长得很好的葡萄球菌全都消失了。是什么原因呢？经过仔细观察后发现，原来有些青霉菌掉到那里去了。显然，消灭这些葡萄球菌的，不是别的，正是青霉菌。"众里寻他千百度，蓦然回首，那人却在灯火阑珊处。"这一偶然事件，导致药物青霉素以及一系列其他抗菌素的发明，后者是现代医药学中最大成就之一。

"踏破铁鞋无觅处，得来全不费功夫。"其实，功夫是花了的，而且花得很大，全花在"觅"字上，那证据就是"踏破铁鞋"。如果弗来明不是存心在"觅"，那么再伟大的奇迹也会视而不见的。科学工作者不仅要善于发现，而且要善于自知已经作出了发现。只有那些辛勤劳动，对问题有过长期的苦心钻研，下过大功夫的人，才会有高度的科学敏感性。

香榧增产记

—— 对归纳法的两点新的认识

通过对观察资料的分析和整理，提出有一定事实根据的假设，如果实践证明假设是正确的，就会导致新的发现。这种"观察—假设—实践检验"的科学研究之方法，通常也称为归纳法。它并不是什么新发明，如果说我对此有什么新的认识，那就是下列两点：

1. 正确的认识是观察资料与研究人员的德、识、才、学有机地相结合的产物。观察资料非常重要，但光靠它是不够的，正如光有子弹是不够的，还需要枪身。子弹入膛，才能致远。

2. 正确的假设，只有采取逐步逼近的方法才能找到。因此，常常需要付出巨大的劳动，不断地实验下去，并且不断地吸取以前各次实验的经验教训。至于如何尽量减少逼近的次数，迅速找出正确的假设，则仰仗于研究人员的科学洞察力与想象力，亦即依赖于他们在长期实践中所积累的德、识、才、学。

在归纳法的发展史中，培根起过很大的作用。他既重视资料的收集，也注意资料的整理。他说，我们不应该像蚂蚁，只是收集；也不可像蜘蛛，只从自己肚中抽丝；而应该像蜜蜂，既采集，又整理，这样才能酿出香甜的蜂蜜来。培根也有缺点，一是对假设不够重视。其实，如何找到正确的假设，正是科学研究中最难的一步，它涉及如何由感性认识向理性认识飞跃的重大问题。除了上述逐步逼近法之外，并无一定的工作程序，可以保证我们只要沿着它前进就可找出正确的假设。培根的另一缺点是瞧不起演绎法。科学发展史表明：归纳法必须与演绎法相结合。人们依仗归纳，从观察中找到公理，再对公理进行演绎推理，才能导致深刻的结果。牛顿力学、几何学以及相对论等都雄辩地证实了这一真理。

科学研究最终目的是改造自然，使之为人民服务。我们认识了自然的规律后，就应把它们运用到实践中去。下面讲的是一个科研为生产服务的故事，它体现了科研的全过程；它还生动地说明了科研并不神秘，劳动人民是科学实验的主力军。

我国浙江会稽山区出产名贵干果——香榧，但产量不高，1963 年不到 5000 斤，由于搞科学试验，1964 年跃进到 78000 多斤，这是怎么回事呢？

起初，有些香榧树几年或几十年不结实；有些虽结实，但年产量波动很大；还有些结实一两年后，接连好几年又不结实。原因何在呢？以上是初步观察。

有的说是受到村里炊烟熏的缘故；有的说是由于上年春天多雨或刮黄沙；有的又说是长在阳坡的结实多，长在阴坡的不易结实，等等。这是一些不正确的假设。

经过老农蔡志静及青年教师汤仲壎等观察研究，终于找出主要原因：香榧树分开花和结实的两种，前者开黄豆状的花，不结实；后者似乎不开花，一开始就结出小榧子。他们想：开花榧也许是雄榧，结实榧可能是雌榧吧？这是想象。可是谁也没有见过雌榧的花。1959 年，谷雨节前后，他们选了三株榧树，开始观察。一株开花榧，一株是开花榧旁的结实榧，一株是远离开花榧、长期不结实的香榧树。前一株的雄花花粉随风飘散，后两株在嫩叶腋间长出了比小米还小的粒状胚珠，胚珠成对排列，这就是雌花，因为它不像花样子，所以一向误以为是小榧子。胚珠顶端有一粒晶亮的黏液。近旁有雄榧的雌花，四五天后胚株黏液逐渐消失，胚珠由黄变青，开始长大，说明已经授粉。那株长期不结实的香榧树上的雌花，胚珠黏液要 10 天左右才消失，胚珠越来越黄，15 天后脱落，这说明没有授粉。以上是进一步观察。

于是他们想到：授粉是主要因素，如果没有雄榧，或虽有而没有授粉，雌榧都不能结实。其他如地形、土壤等因素虽也影响产量，但都是次要的。这是逼近正确的假设。

为了证实这一假设，他们做了大量调查：测定同雄榧不同距离的香榧树的结实率，统计雌雄榧不同比例情况下的年产量，等等。

最后，他们做了一个决定性的实验：在长期不结实的榧树林里，选了 500 个雌花枝条，逐个用蘸了花粉的毛笔，进行人工授粉；另外选 500 个自然授粉；最后，在向来结实很好的榧树上选 10 个雌花枝条，用玻璃纸套起来，不予授粉。后来发现：人工授粉的有 1063 个胚珠发育，自然授粉的只有 52 个，而隔离不授粉的颗粒全无。假设得到了证实。

在找出了不结实的主要原因后，他们采用各种方法加强授粉，从而大大提高了香榧的产量，达到了把科学发现用于生产实践的目的。

这个例子比较全面地说明了科学发现的过程。

朝霞国里万舸争流

——没有结束的结束语

横看须临德识镜，纵游还仗实践舟。本书的基本思想，简单说来，就是如此。我们的探讨暂告结束。然而，人类对自然的理解永无止境。人类新的发现、发明，正以惊人的速度上升。进化论创始人之一华莱士曾统计，19 世纪的重要发明创造，比以往各世纪的总和还要多，而 20 世纪又远远超过 19 世纪，特别是近 30 年来的尖端技术，例如电子计算机、原子弹、氢弹、宇宙飞船、人造卫星、遗传工程、通信技术、人工智能等等，都远非前人所能想象。在基础科学方面，物理学已深入到基本粒子的更深层次，生物学进入了分子、亚分子的研究，天文学则把人类的视野扩展到 80 亿光年以外的遥远星系。人类的认识与创造能力，的确无穷无尽。100 年以后又如何呢？

大自然把人的身长一般限制在两米以内，使我们仰观天宇则太小，俯视原子又太大，我们位于宇宙中的某一层次，对其他层次不能直接接触。虽然如此，我们还是很有办法，通过光、电、磁、热等效应，仍然获得了宇观、宏观和微观世界的许多知识，这不能不说是理智的伟大胜利。然而，知识越多，能提出的问题也越多，因而暂时未知的世界也显得越宽广。今天，我们正面临着许多重大问题的挑战。

起源与演化问题，包括天体、太阳系、细胞、生命、人类等的起源问题，以及它们在漫长的岁月中是如何演化（或进化）的？前途又如何？对这些，人们已进行了长期的研究，但都未能彻底解决。例如关于太阳系起源的一些难题：为什么太阳的质量占了全系的 99.85%，但角动量却只占 1%？为什么金星的自转方向是自东向西，而其余的行星（除天王星外）都是自西向东？至今还很难圆满解释。

构造与转化问题，我们还不能区别这颗电子与那颗电子，它们看来似乎全都一样，这是因为还不了解电子的内部结构。对其他的基本粒子也如此，它们的相互关系和转化规律也还未搞得很清楚。甚至关于抚育我们的地球，有许多事情仍然不知道，特别是它的内部结构，基本上还是一个谜。此外，生物大分子等的构造、功能与相互作用等问题，也亟待研究。

生命的秘密，目前尚不能控制遗传，关于大脑与神经系统也知道得不够多。尽管生命在众多星球上存在的观点已为多数科学工作者所接受，但至今还没有在其他天体上找到生命，更谈不上地球以外的文明。

此外，如何寻找新的能源（包括利用太阳能）、开发资源（特别是海洋资源）、预报地震、暴雨等自然灾害，以及保护环境、土地改良、攻克疑难病症（癌、心脏病）等重大问题，都有待我们去探索、去解决。我们对每个问题都有极大的兴趣。这些问题的重要性和奥妙，像磁铁一样把人们吸引在自己的周围。"芳草有情皆碍马，好云无处不遮楼"，为了探索这些问题的奥秘，我们不能不下马细细观摩，徘徊流连而不忍远去。

这样，就自然而然地使人又想起屈原的《天问》来，我们简直可以写一篇《新天问》了，可惜缺乏那种横空出世的豪气和横溢的才华。屈原的作品，后人模仿的，何止千万，唯独《天问》，却很少有人问津，大概是太难懂了吧！只有唐朝的柳宗元，写了《天对》，试图回答那里的问题。又过了 300 多年，宋朝的辛弃疾，仿照《天问》的体裁，填了一首词，主题是《送月》。此词文笔超脱，构思奇特，融文学想象与科学思维于一炉，有《天问》之遗风，堪称佳作矣。因它不常见，故引于此，以供同好：

木兰花慢

中秋饮酒将旦，客谓前人诗词有赋待月，无送月者，因用《天问》体赋。

可怜今夕月，向何处、去悠悠？是别有人间，那边才见，光影东头？是天外，空汗漫，但长风浩浩送中秋？飞镜无根谁系，妲娥不嫁谁留？　谓经海底问无由，恍惚使人愁。怕万里长鲸，纵横触破，玉殿琼楼。虾蟆故堪浴水，问云何玉兔解沉浮？若道都齐无恙，云何渐渐如钩？

王国维在《人间词话》中评论说："词人想象，直悟月轮绕地之理，与科学家密合，可谓神悟。"

伟大的中国人民，非常聪明、非常勤劳，非常勇敢。我们的前辈，在简陋的条件下，尚且能在自然科学上做出如此巨大的成绩；今天，我们处在这么优越的环境里，理应更上一层楼。朝霞国里，万舸争流。我们应该团结一致，奋发图强，自觉地运用唯物论和辩证法于自然科学，为早日实现我国的农业、工业、国防和科学技术现代化而斗争。我们一定能发扬祖国科技的优秀传统，赶超世界先进水平，为人类作出更大的贡献。科学发现无他，需要的是对人民的忠诚，坚定的信心，火一般的热情，加上长时间的、不知疲倦的苦干和巧干。不谋私事谋国事，甘当孺子老黄牛。这样，就能无坚不摧、无敌不克，正是：

十年磨一剑，不敢试锋芒；
再磨十年后，泰山不敢当。